卷首语

国家发改委和国家统计局联合发布的最新调查显示，2007年6月份，全国70个大中城市房屋销售价格同比上涨7.1%，创出两年来的新高。面对全国房价的飙升，低收入家庭的住房困难仅靠市场无法解决，须由政府承担责任。

今年8月国务院出台的《国务院关于解决城市低收入家庭住房困难的若干意见》（简称24号文）首次明确提出把解决低收入家庭住房困难工作纳入政府公共服务职能。1.职责：纳入政府公共服务、为住房困难户建档；2.分工：部门协作各司其职、抓紧制定配套政策；3.落实：省级政府担负总责、工作纳入政绩考核。

总的来说，就是把解决城市低收入家庭住房困难作为政府公共服务的一项重要职责，建立和健全廉租房保障，规范和改进经济适用房管理，多渠道解决城市低收入家庭的住房困难。

《住区》在国家宏观政策的背景下，及时推出了《社会住宅探讨》的专题，众多专家、学者在各领域从多角度对国家住房保障制度、保障对象、保障方式、市场规律、技术标准、规划设计等方面进行了探讨。同时《住区》也收集了地方政府在住宅保障制度实施过程中面临的问题以及进行创新性的探讨和改进方式，对全国住房保障制度的更趋完善提供了有力的借鉴意义。

2007年11月18日《住区》与清华大学建筑学院联合主办"社会住宅论坛"，将持续关注城市低收入者的住房问题。

本期《住区》的"地产视野"栏目介绍了国内著名开发商绿城房地产集团有限公司近期的作品。"绿城生活园区服务体系"作为国内首个由房产开发企业自行制定的生活园区服务体系，一直吸引着社会各界关注的目光。"绿城生活园区服务体系"的出现，超出了房地产开发产业链的概念，是对过去"房产品"及"物业管理"等概念的一次重新诠释，标志着作为"服务行业"的房地产业的发展，已经逐渐触及其行业本质，而且会对行业未来发展产生积极深远的影响。

总第27期
住区
DESIGN COMMUNITY

中国建筑工业出版社
清华大学建筑设计研究院联合主编
深圳市建筑设计研究总院

社会住宅探讨

图书在版编目（CIP）数据

住区.2007年.第5期/《住区》编委会编.
—北京：中国建筑工业出版社，2007
ISBN 978-7-112-09540-7

Ⅰ.住… Ⅱ.中… Ⅲ.住宅-建筑设计-世界
Ⅳ.TU241

中国版本图书馆CIP数据核字（2007）第152995号

开本：965×1270毫米1/16　印张：7/2
2007年10月第一版　2007年10月第一次印刷
定价：36元
ISBN 978-7-112-09540-7
　　　　（16204）

中国建筑工业出版社出版、发行（北京西郊百万庄）
新华书店经销

利丰雅高印刷（深圳）有限公司制版
利丰雅高印刷（深圳）有限公司印刷

本社网址：http://www.cabp.com.cn
网上书店：http://www.china-building.com.cn

版权所有　翻印必究
如有印装质量问题，可寄本社退换
（邮政编码 100037）

目录

主题报道　　Theme Report

05p. 对中国住房制度改革与住房保障制度的认识　　任兴洲
Investigation on China's Urban Housing Reform and the Housing Security System　　Ren Xingzhou

08p. 政府住房保障的对象与方式　　林家彬
The Targeted Population and Strategies of Housing Security System　　Lin Jiabin

12p. 关注住房保障中的市场规律　　赵文凯
Market Mechanism in Housing Security System　　Zhao Wenkai

16p. 住房政策的技术标准及其研究方法　　高晓路
Technical Standard of Housing Policy and Its Research method　　Gao Xiaolu

20p. 城市更新中的低收入群体住房保障问题探讨　　尹强
Housing for the Low-Income Population in the Urban Renewal Process　　Yin Qiang

22p. 我国廉租房建筑设计研究　　周燕珉 王富青
A Study on the Architectural Design of Low-Rent Housing　　Zhou Yanmin and Wang Fuqing

28p. 近现代城市发展脉络与中国住宅的现实选择　　张杰 张昊
Modern Housing Development and the Practical Housing Strategy of China　　Zhang Jie and Zhang Hao

33p. 人人有房住　　《住区》
——成都公共住房保障体系全接触　　Community Design
Housing for Everyone
Social Housing System of Chengdu

36p. 天津中低收入家庭住房保障政策实施探讨　　王纬
Mid-and Low-Income Households Housing Security Policy in Tianjin　　Wang Wei

40p. 谈经济适用房规划中的人文关怀　　胡志良 白惠艳 高相铎
——以天津瑞景居住区瑞秀小区为例　　Hu Zhiliang, Bai Huiyan and Gao Xiangduo
Human Concerns in Economical Housing
Ruixiu Residental District in Tianjin

43p. 提升中低收入人群居住品质问题的探索　　刘艳莉 李扬
——以青岛浮山新区为例　　Liu Yanli and Li Yang
An Investigation on the Housing Quality of Mid-and Low-Income Population
Fushan Distrcit, Qingdao

46p. 关于西安市廉租房建设分配问题的几点思考　　王韬 李卓民
Reflections from the Provision and Distribution of Low-Rent Housing in Xi'an　　Wang Tao and Li Zhuomin

50p. 国务院关于解决城市低收入家庭住房困难的若干意见
On Solving the Housing Difficulties of Urban Low-Income Households by the State Council

封面：绿城·蓝庭手绘图

住区
COMMUNITY DESIGN

中国建筑工业出版社
联合主编： 清华大学建筑设计研究院
　　　　　 深圳市建筑设计研究总院
编委会顾问： 宋春华　谢家瑾　聂梅生
　　　　　　顾云昌
编委会主任： 赵　晨
编委会副主任：庄惟敏　孟建民　张惠珍
编委：（按姓氏笔画为序）
　　　万　钧　王朝晖　白德懋
　　　伍　江　刘东卫　刘晓钟
　　　刘燕辉　朱昌廉　张　杰
　　　张华纲　张守仪　张　颀
　　　张　翼　季元振　陈一峰
　　　陈　民　陈燕萍　金笠铭
　　　赵文凯　赵冠谦　胡绍学
　　　曹涵芬　董　卫　薛　峰
　　　戴　静
名誉主编：胡绍学
主编：庄惟敏
副主编：张　翼　叶　青　薛　峰
执行主编：戴　静
学术策划人：饶小军
责任编辑：戴　静　王　潇
特约编辑：张学涛
美术编辑：付俊玲
摄影编辑：张　勇
海外编辑：柳　敏（美国）
　　　　　张亚津（德国）
　　　　　何　崴（德国）
　　　　　孙菁芬（德国）
　　　　　叶晓健（日本）
市场推广部：德中四维国际文化交流
　　　　　（北京）有限公司

CONTENTS

地产视野 — Real Estate Review

52p. 服务型社区 — 绿城房地产集团有限公司
　　——绿城·蓝庭园区服务体系介绍
　　Service-Oriented Community
　　The service system in Lanting District by Green Town Group
　　Greentown Real Estate Group Co., Ltd.

56p. 绿城·蓝庭 — 绿城房地产集团有限公司
　　Lanting, Green Town Group
　　Greentown Real Estate Group Co., Ltd.

60p. 上海·绿城玫瑰园 — 绿城房地产集团有限公司
　　Rose Garden, Shanghai
　　Greentown Real Estate Group Co., Ltd.

68p. 绿城·上海绿城 — 绿城房地产集团有限公司
　　Green Town Shanghai, Green Town Group
　　Greentown Real Estate Group Co., Ltd.

74p. 绿城·桃花源 — 绿城房地产集团有限公司
　　Taohuayuan, Green Town Group
　　Greentown Real Estate Group Co., Ltd.

84p. 绿城·深蓝广场 — 绿城房地产集团有限公司
　　Deep Blue Plaza, Green Town Group
　　Greentown Real Estate Group Co., Ltd.

居住百象 — Diversed Living

90p. 功能性之美 — 楚先锋
　　The Beauty of Functionality
　　Chu Xianfeng

香港房屋署专栏 — Special Column of Hong Kong Housing Department

94p. 社区参与的绿化建筑 — 卫翠芷
　　Community Participation and Green Architecture
　　Wei Cuizhi

住宅研究 — Housing Research

98p. 从居住街区到时尚街道的嬗变 — 邹晓霞
　　——日本东京表参道面面观
　　From Neighborhood Lane to Fashion Street
　　Omotesando, Tokyo, Japan
　　Zou Xiaoxia

106p. 从"自然村"到"城中村" — 郭立源　饶小军
　　——深圳城市化过程的村落结构形态演变
　　Form "Natural Village" to "Urban Village"
　　The evolution of village structure in the urbanization process of Shenzhen
　　Guo Liyuan and Rao Xiaojun

114p. 居民视野中的历史街区保护与改造 — 彭剑波
　　——以襄樊市陈老巷历史街区为例
　　Historical District Protection and Renovation in the Eyes of Tenants
　　Chenlaoxiang Historical District, Xiangfan
　　Peng Jianbo

主题报道
Theme Report

社会住宅探讨
Discussion on Social Housing

- 任兴洲：对中国住房制度改革与住房保障制度的认识
- 林家彬：政府住房保障的对象与方式
- 赵文凯：关注住房保障中的市场规律
- 高晓路：住房政策的技术标准及其研究方法
- 尹　强：城市更新中的低收入群体住房保障问题探讨
- 周燕珉 王富青：我国廉租房建筑设计研究
- 张　杰 张　昊：近现代城市发展脉络与中国住宅的现实选择
- 《住区》：人人有房住
  ——成都公共住房保障体系全接触
- 王　纬：天津中低收入家庭住房保障政策实施探讨
- 胡志良 白惠艳 高相铎：谈经济适用房规划中的人文关怀
  ——以天津瑞景居住区瑞秀小区为例
- 刘艳莉 李　扬：提升中低收入人群居住品质问题的探索
  ——以青岛浮山新区为例
- 王　韬 李卓民：关于西安市廉租房建设分配问题的几点思考

对中国住房制度改革与住房保障制度的认识
Investigation on China's Urban Housing Reform and the Housing Security System

任兴洲 Ren Xingzhou

[摘要]文章介绍了中国住房制度改革的基本历程及其成效,对中国住房保障制度现状进行研究后,指出现有住房保障制度存在的问题,并提出了完善的建议和思路。

[关键词]住房、改革、住房保障制度

Abstract: *The article gives an account of the development of China's urban housing reform and its outcomes. After the analyses on the present status of the housing security system, it points out the existing questions and gives suggestions for improvement.*

Keywords: *housing, reform, housing security system*

一、中国住房制度的改革历程与成效

1. 住房制度改革的基本历程

改革开放以来,我国住房制度改革大体经历了三个阶段:

第一阶段:20世纪80年代初~80年代末。主要试行优惠出售公有住房和实行以"提租补贴、以租促售"的改革,并在烟台等四个城市进行试点。补贴以工资的形式发放,可用于买、建、租房。

第二阶段:80年代末~1998年前,是住房商品化、社会化综合配套改革阶段。在这个阶段中,国务院发布了多个文件,推进城镇住房的商品化和社会化。主要有:

(1)1988年1月,国务院颁布《关于在全国城镇分批推进住房制度改革实施方案》,确定住房改革目标是按照社会主义有计划的商品经济的要求,实现住房商品化。

(2)1991年6月,国务院发布《关于继续积极稳妥地进行城镇住房制度改革的通知》,提出不断改善居住条件,引导住房消费,逐步实现住房商品化,发展房地产业。

(3)1994年7月,国务院发布43号文件,即《国务院关于深化城镇住房制度改革的决定》,提出城镇住房制度改革目标是要建立与社会主义市场经济体制相适应的新的城镇住房制度,实现住房商品化、社会化。

这些文件对于推进住房商品化和社会化发挥了重要作用。

第三阶段:1998年以来,取消福利分房,代之以货币化的分配,发展住房市场。1998年7月,国务院发布《关于进一步深化住房制度改革加快住房建设的通知》(国发23号),决定全国城镇从1998下半年开始停止住房实物福利分配,全面实行住房分配货币化。同时,建立以经济适用住房和廉租住房为主的多层次城镇住房供应体系。有步骤地培育和规范住房交易市场。自此住房制度改革全面展开,从原来的国家福利分房制度,向市场配置住房资源的

制度转变。中国住房体制改革进入一个新的阶段。

2.住房制度改革取得的成效

从1998年住房制度改革全面展开以来近10年的实践表明，我国住房制度改革取得的巨大成效。

一是城镇居民住房水平显著提高。2005年，全国城镇人均住房建筑面积达到26.11m^2，比1998年增加了7.51m^2，比1978年高出18.9m^2。住房质量明显改善，住房成为居民财产增长最快的部分，促进了社会稳定。

二是住房市场机制的作用日益显现。住房市场成为实现居民住房需求的主要载体。多元化市场主体快速发展。多层次住房市场体系初具规模。

三是住房产业成为促进经济增长的支柱产业。2005年，房地产业增加值占当年GDP的4.5%。房地产业的快速发展带动了建材、钢铁等30多个行业的发展，成为名副其实的支柱产业。

四是住房保障体系框架初步形成。建立起面向低收入居民的廉租住房制度、面向中低收入居民的经济适用房制度，以及面向城镇职工的以个人强制储蓄和单位、政府补贴为主要内容的住房公积金制度。初步搭建了具有中国特色的住房保障制度框架。

五是政府调控住房市场初见成效。在住房市场发展过程中，政府的住房宏观调控体系也逐步建立和完善。例如，针对住房市场运行中出现的投资增长过猛、房价上涨过快和住房供求结构不合理等突出问题，国家连续几年实施了宏观调控，总体来看，宏观调控已初见成效。

当然，在住房制度改革和住房市场发育过程中，也出现了一些突出的矛盾和问题，有些问题社会反响比较强烈，例如，部分城市房价涨幅过快，住房供给结构失衡，市场发育不健全等问题，需要进一步完善住房改革，促进住房市场的健康发展。

二、中国住房保障制度的现状

目前，中国住房保障制度主要由两部分构成，即廉租住房制度和经济适用住房制度。

（一）廉租住房制度

1998年7月，国务院发布《关于进一步深化城镇住房制度改革，加快住房建设的通知》，提出建立多层次的城镇住房供应体系。针对最低收入家庭的需求，提出由政府或单位提供廉租住房。1999年，建设部颁布《城镇廉租住房管理办法》，对廉租住房制度作出了具体的规定。2004年，建设部、财政部等部门又发布了《城镇最低收入家庭廉租住房管理办法》，对1999年《城镇廉租住房管理办法》进行了修订，进一步明确了廉租房保障标准、保障方式和保障对象。

所谓城镇廉租住房，是政府面向城镇最低收入家庭提供的租金低廉的普通住房。地方人民政府在国家统一政策指导下，根据当地经济社会发展的实际情况，因地制宜，建立廉租住房制度。廉租住房具体标准由各城市政府确定和执行。在实践中，各城市廉租住房的补贴标准在不断提高。

廉租住房制度主要有3种具体保障形式：即租金减免、租金补贴和实物配租，其中，各城市大多以租金补贴为主。

根据建设部的统计：截至2006年底，全国657个城市中，已经有512个城市建立了廉租住房制度，占城市总数的77.9%。其中，287个地级以上城市中，有283个城市建立了廉租住房制度，占地级以上城市的98.6%；370个县级市中，有229个城市建立了廉租住房制度，占县级市的61.9%。

到2006年底，全国累计用于廉租住房制度的资金为70.8亿元。累计已有54.7万户低收入家庭，通过廉租住房制度改善了住房条件。其中，领取租赁住房补贴的家庭16.7万户，实物配租的家庭7.7万户，租金核减的家庭27.9万户，其他方式改善居住条件的家庭2.4万户。

（二）经济适用住房制度

1994年，国务院颁布的《关于深化城镇住房制度改革的决定》中，首次提出在全国范围内建立新的住宅供应体系，并提出"房改的目标是建立和完善以经济适用住房为主的住房供应体系"。其中，向中低收入家庭供应经济适用房。同年，建设部、财政部联合颁布《城镇经济适用住房建设管理办法》，规定了经济适用住房的定义，即"由相关部门向中低收入家庭的住房困难户提供的，按照国家住房建设标准而建设的，价金低于市场价的普通住房"即"经济适用住房制度"。

1998年，国务院发布的《关于进一步深化城镇住房制度改革，加快住房建设的通知》中，明确建立以经济适用住房为主的多层次城镇住房供应体系，提出经济适用住房主要以城镇中低收入家庭为供应对象。

2004年4月，《经济适用住房管理办法》由建设部、国家发改委等部门颁布施行，对新形势下经济适用房政策加以规范，指导各地经济适用住房管理。经济适用房标准一般以各城市为主确定和供应。

根据建设部的数据显示，1998~2003年全国经济适用住房累计竣工面积4.77亿m^2，解决了600多万户中低收入家庭的住房问题。

（三）住房公积金制度

除廉租住房制度和经济适用住房制度外，我国还实行了有中国特色的住房公积金制度。1991年，上海市借鉴新加坡的做法，率先建立起住房公积金制度。各地方相继效仿实行。1996年，国务院住房制度改革领导小组制定《关于加强住房公积金管理的意见》，规范和指导各地的住房公积金制度改革。1999年，国务院颁布施行《住房公积金管理条例》，提出"房委会决策、中心运作、银行专户、财政监督"的原则，要求各地住房公积金纳入规范化管理。2002年，国务院对《条例》进行了修改，进一步完善住房公积金管理办法。

对于住房公积金制度是否具有住房保障性质，社会上有不同的认识和看法。实际上，住房公积金制度具有一定的保障性质，建立住房公积金的主要目的，在于通过所有城镇职工按规定缴存一定数量的住房公积金，建立解决职工住房问题的住房建设基金，用于职工的购房和住房维修。住房公积金还具有互助性和长期性的特点。

三、住房保障制度存在的问题和完善思路

从目前各种住房保障制度的实践来看，还存在着一些不容忽视的问题，需要进一步改进和完善。

（一）廉租住房制度存在的问题与完善的思路和建议

1. 廉租住房制度执行中存在的主要问题

一是部分城市制度建设不到位，截至2006年9月底，全国尚有5个省（区、市）没有建立廉租住房制度目标责任制，有19个地级以上城市没有建立廉租住房制度；二是制度覆盖面相对较小，有些城市的廉租住房保障对象连住房困难的最低收入家庭尚未覆盖；三是资金来源不稳定，财力薄弱地方保障不足，虽然相关法规和文件中规定了以地方土地出让金净收益的5%用于廉租住房建设；将住房公积金增值收益扣除计提公积金贷款风险准备金、管理费用等费用后的余额要按照规定用作城镇廉租住房保障补充资金，但实际上这两项资金来源在不少城市均未得到有效落实；四是一些大中城市廉租住房房源紧缺。另外，目前关于廉租住房制度多是靠文件和部门规章来推动，权威性较低，相关法律法规建设滞后。

2. 完善廉租房制度的政策建议

第一，将廉租住房制度作为政府对低收入家庭住房保障制度的核心，作为解决城镇低收入家庭住房困难的主要途径，重点加以落实。

第二，逐步扩大廉租住房制度的保障范围。目前，最低限度要对一个城市住房困难的最低收入家庭做到应保尽保。各城市应逐步将廉租住房制度的保障对象覆盖到住房困难的低收入家庭。

第三，合理确定廉租住房保障标准。保障的面积标准，可由城市政府根据当地居民住房水平和当地资金能力研究确定。

第四，健全廉租住房保障方式。多渠道增加廉租房源；廉租住房保障应以实行租金货币补贴为主，通过发放租赁补贴，使低收入者能够租到廉租房。补贴水平应由各城市政府根据当地实际情况确定。在一些大城市，特别是特大城市，由于房价很高，也可采取多种方式增加廉租住房房源，收购和建设一些廉租住房用于实物配租。建设的廉租住房面积不宜过大。户均面积应在40m²左右。

第五，确保廉租住房制度的资金来源和渠道。对地方土地出让金净收益的5%用于廉租住房建设，以及将住房公积金增值收益扣除计提公积金贷款风险准备金、管理费用等费用后的余额要按照规定用作城镇廉租住房保障补充资金的规定必须严格落实，而且应将土地出让金的比例逐步提高到不低于10%。同时，政府在财政预算中也要安排一定的资金用于廉租住房制度建设。对于西部财政困难、资金难筹的城市，中央财政应通过转移支付方式予以支持。

（二）经济适用住房制度存在的问题与完善制度的建议

1. 存在的问题

一是供给量持续减少。以2003年为例，当年用于经济适用房建设的总投资为600亿元，只占当年房地产投资的6%。对众多的低收入住房困难家庭而言无异于杯水车薪。二是保障方式单一，基本上是符合条件的申请人按政府规定的价格购买，没有租赁或其他方式。三是准入标准模糊，管理不到位。四是分配程序上存在问题，特别是在20世纪90年代末和本世纪初，对经济适用房的申请和购买的管理制度、执行程序上都比较松散，导致一些不符合规定的人入住。五是退出制度不完善。另外，对经济适用房的面积标准控制不力，有些地方面积高达100多平方米甚至更大，基本上失去了"经济适用"的要求。

2. 改进和规范经济适用住房制度的思路和建议

第一，明确其保障性质、供应对象和功能定位。明确经济适用住房是具有保障性质的住房，其供应对象应为城市低收入住房困难家庭，并应与廉租住房保障对象相衔接，具体供应对象的标准可由城市政府根据本地情况确定。

第二，合理确定保障标准。根据我国基本国情，经济适用房的面积须控制在建筑面积60m²左右，不宜太大。

第三，完善供应方式。一方面，在出售的同时，也可以考虑租赁的方式。同时，也可以考虑向补"人头"的方式转变。

第四，严格准入程序和申请审批公示制度，加强管理。进一步完善退出机制，例如，考虑政府优先回购的方式。

在规范和改进经济适用住房的基础上，对一些房价较高、低收入住房困难家庭在市场上解决难度较大的城市，应进一步增加经济适用住房的供给。

作者单位：国务院发展研究中心市场经济研究所

政府住房保障的对象与方式
The Targeted Population and Strategies of Housing Security System

林家彬 *Lin Jiabin*

[摘要]文章介绍了世界各国实施住房保障的理论依据和基本经验,详细阐述了住房保障的主体、方式、对象以及面积标准。并由此引出对我国住房保障标准的考虑以及对现有住房保障制度的改进建议。

[关键词]住房保障、保障主体、保障方式、保障对象、面积指标

Abstract: *The article introduces theories and practices of housing security in different countries, gives detailed account on the targeted population, strategies, and standards of housing security. Then, it moves on to discuss the standards of housing security in China and give suggestion for adjustment.*

Keywords: *housing security, housing security provider, strategies for housing security, targeted population, area standards*

一、政府对低收入阶层实施住房保障的理论依据

在世界大多数国家,住房保障都已经成为社会政策的重要内容,政府对低收入阶层的居住问题一般都实行某种方式的援助措施。住房保障之所以在社会政策中占有如此重要的地位,主要是由于以下原因。

第一,在一定范围之内,住宅是生活必需品。居住条件是人的基本生存条件的重要组成部分,居住需求属于人类的基本需求。因此,居住权也构成基本人权的组成部分。

同时,住宅也是最昂贵的生活必需品。很多国家居民居住消费支出占其消费总支出的比重都在20%上下。因此,最低收入阶层是难以依靠自身力量解决其住房问题的。假如在这种情况下,政府未能提供住房保障或住房保障的力度不够,无家可归或居住条件恶化的人就会逐步增多,从而造成社会的不稳定。那么,住房问题就会演变成社会问题。这是任何理性的执政者都不希望看到的结果。这是政府实施住房保障的基本背景。

第二,住宅具有外部性,具有一定的准公共品的性质。虽然住宅不具有消费的非竞争性和非排他性,总体上属于私人产品,但是贫民窟、棚户区等的存在会使区域的环境和卫生状况恶化,也不利于社会的稳定。合理的公共政策选择,是对低收入阶层的居住问题给予某种形式的援助,使其居住条件和居住环境得到改善。

第三,住宅政策是社会政策的重要组成部分,已于20世纪中期以来得到国际公认。1948年通过的《世界人权宣言》指出,拥有适当住房是享有适当生活标准这一权利的一个组成部分。1960年6月,国际劳工组织发布"关于工

人住宅的劝告"，提出"为了确保向所有工人及其家属提供充分、适度的住宅及适当的生活环境，应当把在住宅政策的范畴内促进住宅及相关共同设施的建设作为国家的政策目标"。这个文件是以202票赞成、1票反对的压倒多数获得通过的[1]。这说明，把住宅政策作为社会保障政策的组成部分，在当时已经成为广泛的共识。1981年4月在伦敦召开的"城市住宅问题国际研讨会"上通过的《住宅人权宣言》指出，拥有一个环境良好、适宜于人的住所是所有居民的基本人权。而1996年6月召开的联合国第二次人类住区大会通过的伊斯坦布尔宣言更是承诺："人人有适当的住宅"。

二、世界各国实施住房保障的基本经验

现代意义上的公共住房政策始于19世纪末20世纪初。西方主要资本主义国家为解决在工业化和城市化进程中出现的严重居住权不平等问题，维护社会稳定发展，采取了政府干预的方式，针对社会中没有能力自己解决住房的贫困群体，实施各种形式的住房保障。经过将近一个世纪的发展，目前世界的主要国家都拥有自己的住房保障制度。本文在此从保障主体、保障方式和对象、面积标准等几个角度出发对世界各国的主要做法进行整理。

（一）保障主体

一般而言，政府的住房保障责任都是由中央政府和地方政府共同承担的。在英国，1919年制定的《住房和城镇计划法》，将为"劳动阶层"提供住房作为地方政府的法定责任，由地方政府建造公营住宅并以"合理租金"（reasonable rent）出租，对于支付租金有困难的家庭给予房租补贴。中央政府在认可地方政府制定的"房租补贴实施方案"的基础上对地方政府提供相应的补助金，比例最高时曾达到房租补贴总额的90%。在日本，1951年制定的《公营住宅法》将住房保障作为中央与地方政府的共同责任，在具体操作方式上是以地方政府作为公营住宅的提供主体，中央政府对地方政府提供资金补贴，补贴标准依公营住宅的种类分为1/2和2/3两种[2]。在德国，1949年前西德成立了住宅部，1950年发布了《住宅建设法》，该法把促进住宅建设作为各级政府的共同责任。该法推出了"社会住房计划"，政府对纳入社会住房计划的项目提供投资补贴，在土地供应、贷款、税收等方面给予优惠，把社会住房的租金控制在低收入家庭的负担能力之内。

（二）保障方式与对象

各国在住房保障的制度设计上各有千秋，并随着时代的发展而有所改变。

日本的住房保障主要采用公营廉租住宅的形式。地方政府设立住宅供给公社，建造公营住宅后以低廉的租金出租给低收入阶层。其具体的对象界定为收入水平处于最低的25%的阶层。公营住宅的房租是根据承租人每年申报的收入以及公营住宅所处的位置、面积、建成年限以及其他条件决定的。另外，为了对低收入阶层中的特困阶层加以特别对待，《公营住宅法》中还规定了"第一种公营住宅"和"第二种公营住宅"的区分。第二种公营住宅面向特困阶层，租金更为低廉，在房屋的面积、结构、材料等方面也相应地降低标准。对于入住之后收入水平超过上限标准的承租人，《公营住宅法》规定其必须在三年之内搬出公营住宅，在搬出之前对其租金水平按规定进行上调，以体现公营住宅的政策目标。

英国对低收入者的住房保障主要采取房租补助的形式。房租补助额按以下的公式计算[3]。

（1）承租者的收入低于其家庭必要开支时

房租补助额＝房租－{最低租金－（必要开支－收入）×0.25}－非抚养者减额

（2）承租者的收入高于其家庭必要开支时

房租补助额＝房租－{最低租金＋（收入－必要开支）×0.17}－非抚养者减额

总体上看，在不同的发展阶段，政府住房保障的方式也有所不同。在住房严重短缺时期，政府一般采取比较直接的干预方式，直接参与和控制住房建造、分配的所有过程。当住房短缺基本解决，居民收入水平大幅提高以后，政府的干预方式转为间接干预为主，取消租金控制，补贴也逐步从广泛地对建房的补贴转为部分地对住户的补贴，并主要集中在对最低收入群体的援助方面。

（三）面积标准

面积指标是政府住房保障最为重要的一个技术标准。从国际经验来看，也是随住宅短缺的状况而发生变化。当住宅绝对短缺没有解决之前，政府的主要政策目标放在解决"有房住"之上，面积标准相对较低。

在"二次大战"结束后的一个时期，欧洲各国以尽快解决住房短缺为目标，在技术指标方面的干预形式往往是制定一系列下限。例如英国对各类公房提出了最小建筑面积标准，作为住房建设贷款和房租补贴的依据（表1）。1958年，国际家庭组织联盟、国际住房和城市规划联合会联合提出了欧洲国家的住房及其房间统一最小居住面积标准建议（表2）。

英国公共住房的最小建筑面积标准[4]（m²）　　　表1

	家庭人数					
	6	5	4	3	2	1
住房单元	86.4	79.0	69.7			
平房	83.6	75.2	66.9	56.7	44.6	29.7

欧洲不同规模家庭住宅的最小使用面积标准[5]（m²）　表2

	使用住面积指数（住宅卧室数/家庭人数）							
	2/3	2/4	3/4	3/5	3/6	4/6	4/7	4/8	5/8
面积	46	51	55	62	68	72	78	84	88

日本从1976年开始的第三个住宅建设五年计划首次提出了最低居住标准。表3显示了该标准以及2001年第八个住宅建设五年计划所规定的最低居住标准。

日本最低居住标准　　　表3

家庭人口	面积标准[6]（m²）			
	1976年标准		2001年标准	
	居室使用面积	套内建筑面积	居室使用面积	套内建筑面积
1	7.5	16	7.5	18
1（老龄单身）	未考虑	未考虑	15	25
2	17.5	29	17.5	29
3	25.0	39	25.0	39
4	32.5	50	32.5	50
5	37.5	56	37.5	56
6	45	66	45.0	66
7	52.5	76	未考虑	未考虑

除去面积标准之外，日本的最低居住标准还包括如下规定：确保夫妇有独立的卧室；确保6岁以上17岁以下的儿童能与父母分室就寝；满18岁以上者有属于自己的单独房间；卧室的面积标准为主卧10m²、次卧7.5m²；原则上所有家庭应有专用的厕所和盥洗室；除单身户外，所有家庭应有专用的浴室。

三、对我国住房保障标准的考虑

在确定我国的住房保障标准时，主要有以下几个因素需要考虑。

第一，保障标准不宜一开始就定得太高，可以先采用略低的标准，等将来国力发展到新的水平以后再适当提高。

第二，我国目前城市人均住宅建筑面积为26m²。保障标准可考虑为平均水平的50%～60%。

第三，我国现行的住房困难户标准为人均建筑面积8m²。保障标准应高于住房困难的标准，但也不宜高出过多。

第四，我国城市以三口之家为最常见的家庭形态。日本最低居住标准中三口之家的套内建筑面积为39m²，人均13m²。

第五，我国的住宅面积概念有使用面积、建筑面积、套型建筑面积、套内建筑面积等多种，内涵各不相同。目前各地使用的保障标准比较含糊，多使用"建筑面积"的名称。考虑到建筑面积包括了公摊面积，而公摊面积的大小在不同类型住宅建筑中有很大不同，作为保障标准宜采用在不同类型住宅中相对一致的"套内建筑面积"概念。

根据以上几点考虑，本文建议以三口之家套内建筑面积39m²作为保障标准的参考值，并以人均13m²作为以下的保障覆盖面测算的依据。不过，作为具体的保障标准，还应当区分家庭人口规模，并在住宅设计专家的参与下经过更加细致的斟酌才能确定。

四、对我国住房保障制度的改进建议

我国现行的住房保障制度存在着制度设计不完善、覆盖面过窄、福利受益人群倒置、制度目标难以实现等多方面的问题。在考虑现行住房保障制度各种方式的运作绩效的同时，借鉴国际上的相关经验，我们提出以下改革与完善我国住房保障制度的思路。

（一）把住房保障作为中央与地方政府的共同责任

由于住宅是基本生活需求的组成部分，并具有准公共

产品的性质,因此政府从社会保障和收入分配的角度出发必须进行干预。由于社会保障和收入分配主要是中央政府的职责,因此住房保障首先是中央政府的责任。但是同时,由于住宅是不动产,不具有空间上的流动性,因此其作为准公共产品的属性体现为区域性的准公共产品,从这个角度上看地方政府也对其负有当然的责任。从世界各国的实际做法来看,也都是把住房保障作为中央和地方政府的共同责任。应当通过立法途径,在法律上明确各级政府在保障公民居住权利方面各自应当承担的责任和义务。建立和完善相关法规体系,使住房保障的主体、责任、实施方式、标准等问题都能够有法可依、有章可循。

(二)以廉租房制度为核心,大幅度强化住房保障制度

与当前我国城市低收入阶层和外来人口改善居住条件的需求相比,我国现行的住房保障制度无论从覆盖面还是制度的有效性方面来说都远远不能适应。国际经验表明,廉租房制度是政府直接介入住房供给、为低收入阶层提供住房保障的有效途径。建议借鉴日本的做法,在住房问题最为突出的大城市地区由城市政府组建非营利性的公营住宅机构或特殊企业,作为政府住房保障的执行机构,负责廉租房制度的运营实施和管理。对于廉租房建设用地,应在城市土地利用规划中予以优先保障。以此为基础,较大幅度地扩大廉租房制度的覆盖面,使低收入阶层,特别是现有居住水平在住房保障标准以下的家庭都成为廉租房制度的覆盖对象,从而使住房保障制度得到大幅度的强化。

(三)在具体保障方式上,允许地方政府自主选择

在明确了各级政府在住房保障上的责任的前提下,具体选择何种保障方式,是实物配租还是发放住房补贴,应当允许地方政府根据当地实际情况进行因地制宜的自主选择。一般而言,在住房总量供需缺口较大、住房价格水平较高的地区,由政府直接提供廉租住宅更加有效,而在供求关系基本平衡、住房价格水平较低的地区,采用货币补贴的方式更有利于满足居民自主选择的需求,同时有利于降低行政成本。

(四)改革经济适用房制度,变"补砖头"为"补人头"

现行经济适用房制度在操作过程中存在诸多问题,对其运作方式进行改革势在必行。可借鉴山东日照、江苏南通等地的探索实践,将政府对经济适用房建设过程中的各种优惠量化为货币补贴,直接发放给符合条件的困难家庭。例如,日照市将政府划拨的经济适用房用地,交由国土资源部门通过挂牌、招标、拍卖的方式供应土地市场,将土地所得净收益划归财政专户储存,作为住房困难户购房补贴费用;然后由符合条件的住房困难户自主购房之后直接领取住房经费补贴。

(五)住房保障标准应进一步深入研究

本文虽然依据国际比较以及其他一些因素对住房保障的面积标准提出了一个参考数值,但实际上住房面积标准的确定具有很强的技术性,与家庭人口构成、住宅的结构形式、建筑形式、设备标准、区域气候条件等许多因素都有关系。因此,为了确定比较科学合理的住房保障标准,应当组织相关多学科的专家共同展开深入研究,提出一个适合我国国情的、比较周全的最低居住标准体系。

注释

1. 本间义人. 现代都市住宅政策. p.21. 三省堂. 1983年7月

2. 参见林家彬. 日本公共住宅供给政策及其启示. 国务院发展研究中心调查研究报告. 2006年第214号

3. 五井一雄、丸尾直美主编. 都市と住宅学の提言. 三岭书房. 1984年1月

4. 引自田东海. 住房政策:国际经验借鉴和中国现实选择

5. 同上

6. 套内建筑面积不包括阳台面积

作者单位:国务院发展研究中心

关注住房保障中的市场规律
Market Mechanism in Housing Security System

赵文凯 Zhao Wenkai

[摘要]土地供应量一定的情况下，商品住房和保障性住房的供应规模此消彼长；供求决定价格；土地供给不足时，提高保障性住房比例将导致房价上涨，居住困难家庭增多，住房矛盾难以解决；市场供需平衡是住房保障的基础，提出了增加土地供应、抑制不当需求、城市发展政策、调整用地标准和提高居住开发强度等建议。

[关键词]住房保障、供求关系、土地供应

Abstract: When land supply is stable, commercial housing and security housing are of negative correlation. When land supply is deficient, increasing the provision of security housing will lead to increase of commercial housing price; consequently, more households will fall into the categories need assistance, and the housing question is intensified. Therefore, the author asserts that balanced demand and supply is the premise of housing security, and suggests increasing the land supply, controlling excessive needs, adjusting supply and demand, and raising density.

Keywords: housing security, demand and supply, land supply

一、认识与行动

1. 住房保障的概念

从全球的经验来看，住房从来就不是狭义的商品，由于土地的不可移动性和不可再生性，住房因此带有较强的公共属性和外部性。在现代社会中，简单地依赖市场满足全部的住房需求是完全不现实的，作为生活的重要基本要素，解决社会中各阶层的居住问题成为文明社会的重要标志之一，住房保障制度成为社会保障制度的重要组成部分。

世界各国的住房问题概括起来主要有三个方面：首先是住房紧缺，例如战后、灾后造成的住房供需不平衡；再有是住房质量问题，达不到居民对现代化的生活要求；三是社会公平问题，低收入家庭无力承受昂贵的房价或租金，产生居住拥挤或无家可归的现象[1]。为解决这些问题，各国政府采取了各种手段和方法，经过逐渐完善而成为住房保障制度。

住房保障体制实际上是政府向居民提供的一种公共产品，其效用就是通过支付转移的方式实现社会收入的再分配，使广大中低收入和最低收入居民家庭也能够享受经济发展的利益，从而保持分配公平和社会稳定[2]。住房保障制度弥补了市场经济的缺陷和不足，对市场经济中弱者和低收入者提供帮助和救济，这一制度提高了市场配置住房资源的效率，体现了社会公平和人道主义精神，是社会稳定、经济发展、社会进步的需要，是实现社会公平和社会安定的助推器。

2. 我国住房保障制度的发展

我国住房保障呈现清晰的发展脉络。1988年2月，国务院下发了《关于在全国城镇分期分批推进住房制度改革实施方案的通知》(11号文件),标志着我国住房开始走向市场化。但是随着经济的发展,居民收入差距也在加大,购房困难的现象越来越突出,住房保障问题逐渐开始受到重视,1998年7月3日,国务院颁布了《关于进一步深化城镇住房体制改革加快住房建设的通知》(23号文件),明确指出:"对不同收入家庭实行不同的住房供应政策。最低收入家庭租赁由政府或单位提供的廉租住房;中低收入家庭购买经济适用住房;其他收入高的家庭购买、租赁市场价商品住房"。至此,我国的住房供应体系明确分为两部分,包括政府保障性质的住房(廉租住房和经济适用房),以及市场化的商品住房。在2004年开始,房地产市场出现了新的变化,我国部分地区出现了房地产投资过大的势头,同时市场需求偏大,导致一些地方出现住房价格上涨过快等系列问题,国家连续出台调控措施,试图控制房地产投资规模,抑制住房价格过快上涨,调整住房供应结构,解决城镇居民住房问题。2007年8月全国城市住房工作会议中,国务院副总理曾培炎指出,住房问题是重要的民生问题,要切实将解决城市低收入家庭住房困难作为政府公共服务的一项重要职责,进一步建立健全廉租住房制度,改进和规范经济适用住房制度。会议决定,全国要逐步扩大廉租住房制度的保障范围,到2010年底前,全国城市低收入住房困难家庭都要纳入保障范围。

我国的住房保障制度是在市场化过程中逐步探索、逐步发展的,由政策优惠下的市场定向供应转向了强化政府职能和建立健全住房保障体系,认识到将市场与保障分开是有效调节房地产的关键,政府在住房改革和房地产调控问题上走出了关键而正确的一步。

3.保障力度快速加强

在2006年以前,由于管理和政府财政的原因,经济适用房的供应并未有效解决中低收入家庭的住房问题,廉租房的覆盖面过小[3],都是不争的事实,但在短短的时间内,情况已经发生了巨大的变化。

2006年,《关于调整住房供应结构稳定住房价格意见》(37号文件)加大了调控力度,要求优先保证中低价位、中小套型普通商品住房(含经济适用房)和廉租住房的土地供应,并限制了套型面积(90~70政策)等,使住房建设也进入了新一轮的宏观调控阶段,在各地的土地出让中,保障性住房和中小户型住宅用地比例明显增加。据统计,2007年1~5月普通商品房的土地供应总量比去年同比增加76.3%,经济适用房的土地供应总量比去年增加166%。在深圳近期出让的商品住宅用地中,捆绑了15%政策性住房,地方政府能出台这样一个政策,也说明了政府住房保障力度的加强。

二、住房保障中的市场规律

在房价继续走高的时候,住房保障力度的加强是使大家欢欣鼓舞的,一是政府来做住房保障,二是提高保障性住房比例,被当作抑制房价和解决中低收入家庭住房问题的有效手段,也有的认为,将市场与保障分开,实行"双轨制",不管市场住房价格如何涨,老百姓的住房问题都可以解决,事实果真如此吗?

1.住房价格形成机制

在市场经济中,价格是由需求与供给这两种力量决定的,这种价格又称均衡价格。当供过于求时,市场价格下降,当供不应求时,市场价格会上升,从而达到新的价格平衡。目前,中国房价形成机制已经基本上形成了以房屋价值为基础,根据供求决定的,围绕供求情况,围绕价值形成房价,是一个市场化的形成机制。

对未来的预期也影响了价格。2005年宏观调控后,市场观望气氛浓厚,就是消费者对未来的预期下降,虽然当年的经济增速和城市化都很正常,还是导致部分城市住房价格趋于稳定甚至下降,而在2006年至今,虽然采取了多次加息、上调购房首付、提高交易税等措施,但市场预期提高了,住房价格出现加速上涨的态势,在这种情况下,投机需求增长,再次加重了供不应求的状况,预期心理对供需关系有放大作用。

2.市场规律对住房保障的影响

住宅保障受到住房需求、保有趋势、住房供应、产品质量、支付能力等多方面的影响[4],其中住房供应是关键的因素。在美国,公共住房所遇到的挑战也来自住房市场的增长,在拉斯韦加斯、奥兰多及凤凰城,产品和需求并驾齐驱。以硅谷为例,众所周知,硅谷是美国新经济的摇篮,孕育了无数的高科技公司,硅谷高科技人员的平均年薪在7万~8万美元之间,远远高出加州和美国平均水平,但是,这么高的年薪并不能保障他们享受到美国的平均生活水准。硅谷房价目前是全国平均房价的3倍。即使在硅谷的边缘地带马林县，全县可以出售的房源大约只有1.6万m²，而需求量超过40万m²。购买力和需求高涨，造成严重的住房供不应求，促使价格与租金快速上涨，在这种市场状况下，不只是低收入家庭难以承担房价，连一些做教师、护士职业的人士也买不起住房，导致原有的住房保障失去了作用，新的压力巨大。

在目前中国快速城市化的背景下，严控土地、紧缩地根，使部分土地少而人口增长快的城市遇到类似硅谷的境地。目前部分城市的住房供应中出现"夹心层"，即有相当一部分低收入且居住困难的家庭，既享受不到政府的廉租住房补贴，又没有财力租赁市场价住房或购买经济适用住房[3]，说明实际的住宅总供应量不能覆盖全部需求。在这样的供需状况下，提高保障性住房的比例，而不增加供应总量，只能压缩商品房的供应量，按照价格形成机制，商品住宅的价格将进一步提高，其结果是有更多的家庭得到了保障，但同时也产生新的购房有困难的家庭，如下图所示，只是"夹心层"的位置提高，住房矛盾依然存在。

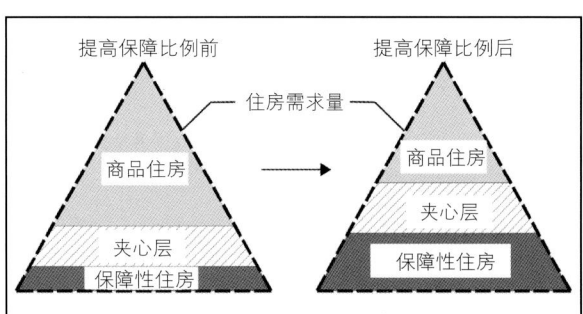

因此，将住房保障仅仅理解为针对部分家庭购买力不足是有局限的，仅靠行政方式压低房价也是不完善的。土地供应是连通商品住房市场和保障性住房的神经，住房保障也受到市场机制的影响，当前房价难以控制，居住矛盾加重，关键是总体供需矛盾未得到解决，简单套用国外做公共住房的经验将很难解决我们的问题，只有当住房供应与需求趋向平衡的时候，产品质量和支付能力才成为住房保障需要解决的关键问题。西方国家提出"人人享有体面的住房"也是在供求矛盾基本解决、人民生活水平和技术发展达到一个新的阶段时才提出的。在住房供应出现较大缺口时，无论什么样的政策力度或财政能力，无论住房供应模式如何，住房矛盾依然尖锐。因此，住房需求回归理性、保证供应，才是目前亟待解决的问题。

三、需求与供应的现状及预期

1. 国家应明确住房发展目标

我国住房建设进入新的阶段，市场化与政府调控成为主要特征，但是我们的住房发展目标却是缺失的。世界上多数国家都几乎走过了相同的住房建设过程，以日本为例，在二战以后经历了：战后复兴及创立制度时期（1945~1960年）、调动各方力量、大量提供住宅阶段（1960~1970年）、政府引导居住水平提高阶段（1970~1990年）、适应当代需求、提供多样化优质住宅阶段（1990~2005年）。说明居住水平和质量不断提高是基本的人性的需要，也是社会经济进步的重要表现。按照东京都官方公布的2003年度《住宅白皮书》数据显示：在房价昂贵的东京，人均住房面积31.37m²（日本的算法是使用面积），相当于我们的人均住房建筑面积40m²左右，住宅平均每套住房室内面积为72.6m²，约相当于建筑面积100m²，新建成用于出售的公寓，平均每套室内面积为95.9m²（相当于135m²建筑面积）。而我国2005年全国城镇人均住宅建筑面积为26.11m²，户均住宅建筑面积83.2m²，即使土地紧张，住房标准逐渐提高具有一定的现实性。

2004年11月22日，建设部政策研究中心根据一项研究成果，颁布了我国居民住房的小康标准：到2020年，我国居民住房要从满足生存需要，实现向舒适型的转变，基本做到"户均一套房、人均一间房、功能配套、设施齐全"，2020年城镇人均住房建筑面积预计达35m²，每套住宅平均面积达到100~120m²。虽然未得到建设部的官方认可，但与其他国家相比实不为过。对于要做好住房保障，有效调控房地产市场，对住房发展目标的进一步研究，提出明确的指标，还是必要和紧迫的。

2. 住房未来需求

城市化与居住水平不断提高是住房需求增长的主要动力，也是客观现实。按照有关规划和预测，到2020年，全国城镇化率将由43%提高到56%，城镇人口将新增近2.8亿人，平均每年约1800万人进入城市。按照人均住房建筑面积35m²计算，需要98亿m²住宅，现有城镇人口5.6亿人居住水平提高，人均增加9m²，需要50.4亿m²住宅，共需要新增150亿m²住宅，平均每年需要住宅10亿m²。以上是按照每户一套住宅计算，再加上合理的空置率，实际的需求还可能更大。按照居住用地住宅毛容积率1计算（上海、北京均在1.2左右），需要居住用地2226万亩，再按照居住用地占城市建设用地30%计算，需要建设用地7420万亩，平均每年需要500万亩。

另外还存在大量的不当需求，即投机性需求。住房需求包括两个方面：消费型需求和投机性需求。住房的消费型需求通常认为是直接从住宅生产者或住宅持有人购买，用于自住的消费类型；投资住宅用于出租，是住房供应的方式之一，只要能实际发挥其居住功能，可以将它认为是消费型需求；那些购而不用、待价而沽、赚取增值差价的住房消费就属于典型意义上的投机行为。现在大量的人都热衷于买房子，有的购买了第二套、第三套，由于现行住房消费信贷的松弛，这些需求都能够以消费的名义，得到银行消费信贷的大力支持，进而形成庞大的房地产需求，形成短期住房市场严重供不应求的情况，房价也因而持续上涨。

3.住房供应

过去几年的全国城镇住房供应基本维持在6亿m²左右，见下表，与平均每年需要住宅10亿m²的需求量相比，缺口巨大。而未来的供应也不乐观，根据有关数据，需要严守18亿亩耕地的底线，未来新增土地供应将大幅减少，预计每年全国建设用地供应为400万亩，其中100万亩用于城市建设，与平均每年500万亩城镇建设用地需求相比缺口更大。

城镇新建住宅面积和居民住房情况　　　　　　　　表1

年份	城镇新建住宅面积(亿m²)	城市人均住宅建筑面积(m²)
2002	5.98	22.8
2003	5.50	23.7
2004	5.69	25.0
2005	6.61	26.1

资料来源：统计局文件网址：http://www.stats.gov.cn/tjsj/ndsj/2006/indexch.htm

此外，利用存量土地的困难越来越大。首先是随着法律法规的健全，拆迁难度越来越大，成本越来越高，其次是产权关系复杂，大量的已批未建的土地难以形成实际供应量。以北京为例，2005年，北京计划供应的住宅商品房用地为1750hm²，商服用地550hm²。而实际成交的房地产开发用地仅为554hm²，不到计划的四分之一，2006年度土地供应计划中，住宅商品房用地为1600hm²，商服用地300hm²，实际土地供应量仅为计划的54%。这种情况使供需矛盾更加巨大。

四、对策建议——市场供需平衡是住房保障的基础

按照目前的大环境，在可预见的未来住房和土地供应严重不足，对于大城市而言，人口不均衡的流动使大城市人地矛盾更加突出，住房保障面临严峻的挑战。按照国家政策，应以城市经济为核心，《国民经济和社会发展第十一个五年规划纲要》也要求发挥城市群、大城市的带动和辐射作用。住房保障与住房价格涉及城市经济体的竞争能力和效率，这些都说明了土地供需矛盾是必须解决的问题，解决的途径应是综合的，要兼顾环境资源条件和社会和谐，因此有必要重新反思一些基础性政策。

1.增加土地供应指标

城市发展必然要征用周围的农用地，有的专家提出城市分散发展的设想，不占农田而重点利用荒地和废弃地，其实这样做一是成本高，二是在交通、基础设施、公共服务方面存在资源浪费，三是城市效率低。因此，应在新型农业技术、农田搬迁再造、农村宅基地清退等方面下功夫，要将农业作为整体经济运行的一个组成部分看待，深化农业政策，统筹考虑，突出创新，合理增加城镇土地供应指标。

2.抑制不当需求

抑制住房不当需求是维持供求平衡的另一重要方面。一是引导合理的住房消费模式，倡导面积实用、性能优越的住宅消费观；二是应尽快实施物业税等，对住宅保有环节的税收调节，提高住房闲置成本；三是减少个人出租住房的税收负担，以活跃房屋租赁市场。

3.土地供应要紧密结合社会经济发展

城市总体规划的编制存在两种倾向，有的特大城市提出控制人口为目标，多数城市以发展人口为目标，很多都事与愿违，大城市人口难以控制，超出预想，有的城市却难以吸引人口，造成土地浪费。因此在土地利用方面不能简单地根据人口预测指标和按照同样的人均指标进行规划和审批，城市的土地供应应务实地根据社会、环境特点、产业类型等科学确定，合理编制和审批城市总体规划，突出地区差异化。

4.积极发展大城市，谨慎开发新城

目前，我国城市平均的人口密度为102人/hm²，其中北京、上海、广州等特大城市的人口密度都在250人/hm²以上，多数的中小城市人口密度在80~100人/hm²，甚至更低。可以看出，大城市在土地集约利用方面的效果是相当突出的。作为经济体，大城市在效率、就业机会、公共服务等方面较优越，也是十一五规划明确的重点发展对象，积极发展大城市有利于节约土地和提高城镇化质量。此外，我国城市存量土地承载力潜力巨大，欧洲城市平均的城市建筑容积率为0.6，而我国城市仅有0.3~0.4，过早地开发新城、新区将导致土地浪费和人为增加了交通基础设施的占地，长距离通勤也增加了能源消耗和环境污染。

5.提高居住用地比例，鼓励混合用途

城市建设用地分配应有一定的灵活性，提高工业用地、市政用地的土地利用效率，鼓励土地混合使用，适当提高居住用地比例，也有利于提高住房供应规模。

6.提高开发强度

在经济条件允许的情况下，尽量提高居住用地的开发强度，推广开放式社区和混合社区的理念，充分利用有限的空间资源。对于解决土地的开发应有技术标准的控制和优惠政策的支持，在财政方面给予较大的倾斜。

注释

1. 陈劲松. 公共住房浪潮. 机械工业出版社, 2005
2. 褚超孚. 住房保障政策与模式的国际经验对我国的启示[J]. 中国房地产, 2005(6)
3. 鹿勤, 张永波. 北京市中低收入住房空间分布研究. 2006
4. 美国规划协会. 地方政府规划实践. 中国建筑工业出版社, 2006

作者单位：中国城市规划设计研究院

住房政策的技术标准及其研究方法
Technical Standard of Housing Policy and Its Research method

高晓路 Gao Xiaolu

[摘要]文章通过对北京居民家庭住房消费行为的调查，在此基础上分析住房需求类型和需求层次，并对不同类型主体的住房需求进行定量预测，为我国住房政策的技术标准的设定提供科学支持。

[关键词]住房政策、技术标准、消费行为、住房需求、住房标准

Abstract: *Based on a survey on housing consumption behaviors in Beijing, the article analyzes the patterns and stratification of housing demands, predicts the demands on different housing demands, and thus provides scientific groundings for the formulation of technical standards of housing policy.*

Keywords: *housing policy, technical standards, consumption behavior, housing demands, housing standards*

一、引言

包含社会住宅在内的住房政策，需要两个层面的深入研究。一是研究政策介入的妥当性。这需要从宏观社会政策和经济政策的统筹视角出发，对政策的必要性和政策实施后的预期效果进行全面分析。二是研究政策介入的模式，包括适当的标准、控制门槛、政策实施手段等，与之相关的技术标准对政策的成功起着至关重要的作用。本文着重探讨住房政策的技术标准及其研究方法问题。

一般而言，住宅政策的目标是根据不同层次的需求来提供住宅，并根据一定时期以内的社会经济条件，运用规划、税制、住房保障制度等手段，调整住宅的供给和需求，从而使合理的住房需求得到满足。因此，关于住房政策的技术标准，首要任务是通过对居民家庭的住房需求的分析提出针对各类需求的分类指导原则。其次是要定量地提出住房标准的合理数值。这样才能准确界定社会住宅和通过市场提供的商品住房的目标人群，确定适合各个层次的合理的住宅供给目标。由此可见，住房需求分析以及住房标准的定量分析是住房技术标准中最为关键的课题。

相对于宏观层面的住房政策分析，我国关于住房技术标准的微观研究相对薄弱，尤其缺少关于不同类型需求的主体的划分标准，以及不同类型主体的住房需求的定量预测的研究。这些问题直接影响到政策目标层的选择以及各类住房的技术标准的设定（如保障型住房和经济适用房对象家庭的选择标准和适宜的面积标准），无法为科学决策提供有力的支撑。因此，在实践中，很多标准都是根据经验确定的，不同类型住房的需求主体的选择标准和住房需求预测往往存在一定的主观性。因此，如何根据家庭收入等指标来界定具有不同需求的居民群体，以及确定针对不同群体的住宅标准，是具有紧迫性和重大现实意义的课题。

二、消费行为与住房需求类型分析方法

住房消费行为分析是研究住房需求类型和需求层次的一条有效途径。城市住房消费具有明显的空间阶层化特征。笼统而言，从城中村、筒子楼等仅能满足遮风避雨要求的低层次住房需求，到满足身份象征和奢侈享受的高档住所的需求，不同消费层次和需求类型的存在毋庸置疑。

决定消费层次的影响因素有很多，不但包括家庭人口、收入水平、房价水平、当前住房状况，还包括社会经济发展水平、自然环境和生活习俗等。简单来说，对同一个地区，房价相对稳定的一个时期而言，可以将之限定于家庭人口、收入水平和当前住房状况。

通过调查和观察等手段，住房需求可以通过居民家庭的需求意愿（如购房或租房的选择、住房面积）表现出来。假设这些需求意愿是居民基于自己的主观需要、生活水平和房价水平而作出的合理选择，那么可以通过需求意愿与家庭人口、收入水平、当前住房水平的关系入手来分析住房需求结构和类型。

以2006年对北京市居民家庭住房消费行为的研究为例说明这一方法的应用。在这项研究中，我们对北京市建成区范围内的7000多位居民进行了抽样调查。关于住房需求的调查项目包括：当前住房面积、家庭人口、家庭收入、目前拥有几套住房、近期购房意向等。数据的基本统计量如表1所示。

住房需求数据的基本统计量　　　　　　　　　　　　表1

No.	数据	有效样本	定义	比例(%)	平均	最大	最小
1	当前住房面积(m^2)	7156			75.87	450	0
2	当前人均面积(m^2/人)				34.63	300	0
3	家庭人口（人）	7647	1: =1	17.67			
			2: =2	16.26			
			3: =3	54.16			
			4: =4	8.41			
			5: ≥5	3.51			
4	家庭收入（元/月）	7159	1: <3000	26.19			
			2: 3000～4999	38.47			
			3: 5000～9999	27.83			
			4: 10000～14999	5.28			
			5: ≥15000	2.24			
5	拥有住房套数	7159	0: 没有	12.36			
			1: 1套	71.89			
			2: 2套	14.35			
			3: 3套以上	1.40			
6	近期购房意向	7647	0: 没有	56.05			
			1: 有	22.07			
			2: 说不定	21.88			

以近期购房意向作为判别住房需求的基准，其他几项指标为自变量，建立多元判别分析模型。分析结果如图1所示。显然，根据购房可能性的高低，7000多户居民分化为五个不同类型的群体。首先，已经拥有2套以上住房的E组家庭与无房和有1套住房的家庭具有显著差异。拥有1套住房的家庭，根据现状住房面积是否超过54.6m^2又细分为A、B两组。无房的家庭则根据家庭月收入是否超过5000元细分为C、D两组。

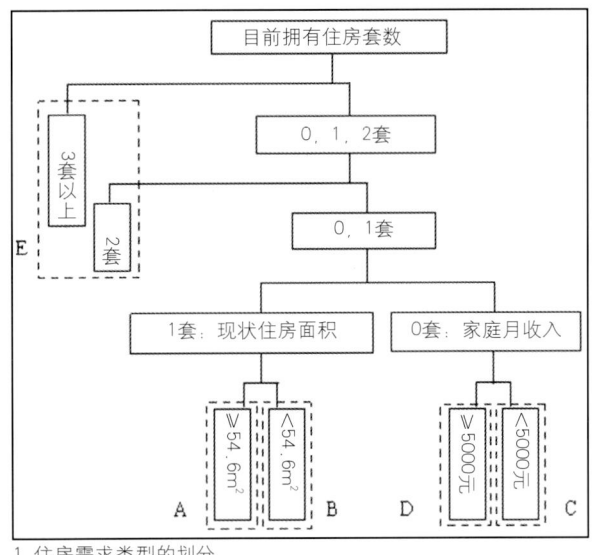

1. 住房需求类型的划分

表2显示了有明确购房意向的居民人数（近期购房意向=1）在有可能购房的居民人数（近期购房意向=1或2）当中的比例（即表中的"确定性"）。可以看出，五组居民在消费行为上存在十分明显的差异。与实际情况相对照，A、B、C、D、E五种类型大体上对应于提高舒适性、充实基本功能、安居、首次置业和投资等五个消费层次，因此住房供给的目标也是有所差异的。例如，针对安居类型（C）的主要策略是通过社会住宅的建设提供保障，而针对投资类型（E）的主要策略应该是有所控制。

住房需求类型及购房　　　　　　　　　　　　　表2

	住房需求类型	需求层次	确定性
A	1套住房&面积≥54.6m^2	提高舒适性	46%
B	1套住房&面积<54.6m^2	充实基本功能	58%
C	无房&家庭月收入<5000元	安居	55%
D	无房&家庭月收入≥5000元	首次置业	76%
E	目前有2、3套住房	投资	41%

上述分析方法的特点是定量、客观地给出了划分各种类型居民的合理门槛，这对制定实际政策具有很大帮助。例如用现状住房面积为54.6m²来划分A，B组人群最为恰当，用家庭月收入5000元来划分C，D组人群最为恰当。事实上，这些数值门槛十分接近我们的经验值。因此，在界定不同需求的家庭时，可以作为选择标准的参考值。

三、住房市场分析与住房标准的分析方法

当前，我国住宅市场存在供应结构不够合理，与社会和人口结构不相匹配的问题，急需通过居住标准的制定来正确引导和控制住房建设与消费。为此，学术界对居住面积标准进行了不少探讨，积累了一定的成果。就研究方法而言，主要是从居住水平的现状分析和预测的角度提出建议，从建筑设计的合理性和可行性的角度进行分析，从借鉴各国经验的角度进行比较，从社会消费能力的角度提出居住标准的限定条件等。但是，这些方法存在一个普遍缺陷，它们虽然提出了关于居住标准的建议，却很难对其合理性进行逻辑上的严密论证。

为了给居住标准的制定提供比较客观的依据，需要从新的视角进行研究。其中，从住房市场分析出发考察住房面积与居民满意度的关系是一个较好的方法。下面，我们结合以往对北京市居住标准问题的研究[1]，对上述方法作一个简单的介绍。

居住面积标准的影响涉及生活质量的诸多方面。标准过低时，人口过于稠密，会给城市交通造成压力，使人均绿地减少，整个城市和地区的生活服务水平降低，并使居民难以适应生活中的变化，由此产生较高的调整费用。标准过高时，住宅与居住环境的维护成本和长期费用提高，造成不必要的浪费，城市公共服务的水准和社区舒适度也会降低。如果与住房和社会保障制度、土地划拨政策等结合不当，很容易出现资源占有和分配的不公平现象，由此带来社会问题；同时，如果标准定得太高，也有可能人为地造成很多存量住宅低于标准的现象，给旧城改造增加难度。

所以，就公共政策而言，关键是对居住面积超过何种限度时会产生不利影响（即经济学中所谓的外部效果），以及产生了多大影响进行客观的分析和测算。这样一来就可以根据分析结果，较为科学地制定居住面积标准，并根据外部效果的大小对如何调控进行合理的设计。

对外部效果进行分析和测算时，通常采用微观经济学的方法。我们采用的是资产价格法，也就是假设居住标准会影响居住和居住环境的质量，通过市场的作用，它们对住宅的市场价格产生影响。因此，通过对住宅市场价格的回归分析，可以对居住面积及环境变量的边界效果进行量化，由此达到定量地估测外部效果的目的，并能够以此为依据分析不同居住标准下的社会成本与收益。

我们通过房地产网站搜集了北京市朝阳区的二手普通住宅数据作为分析样本。用于分析的有效样本为279个，属于63个小区。除了价格、面积、户型、建成年代、朝向、楼层、装修情况等基本数据，还搜集了小区人口密度、容积率、绿地率、周边公共服务设施等方面的数据，并对小区的区位条件和环境进行了综合评估（表3）。

样本所在小区的各项指标　　　　　　　　　　　　　　　　　　　　表3

小区统计指标	最大值	平均值	最小值
平均售价（万元）	156	82.75	36.83
平均建筑面积（m²）	183.50	107.56	46
平均套内面积（m²）	135.79	82.91	36.34
平均套内面积单价（万元/m²）	1.28	0.99	0.72
容积率	6.95	2.54	1
绿地率（%）	60	33.06	15
小区户数密度（户/hm²）	550	225.11	54.42
平均住栋规模（户/栋）	305	134.29	64
小区中心到最近地铁站的距离（km）	10.35	5.60	3.24
小区中心到奥体中心、奥林匹克公园的距离（km）	4.14	2.03	0.26
小区中心到最近学校的距离（km）	0.73	0.32	0.07

以每平米住房价格为被回归变量、各项变量为回归变量，采用多元线性回归模型进行逐步回归，得到以下结果（表4）。

套内面积单价的线性回归模型　　　　　　　　　　　　　　　　　　表4

No.	回归变量	变量定义（单位）	Estimate（万元/m²）	Std Error	Ratio	P-value
	常量		1.2285	0.066	18.61	<0.0001
1	住宅形式{板}	板式住宅=1，否则=0	-0.0353	0.008	-4.51	<0.0001
2	主要朝向{W&E}	东、西	-0.0200			
	主要朝向{NW}	西北	-0.0173			
	主要朝向{NE}	东北	-0.0041			
	主要朝向{SE&SW}	东南、西南	0.0288			
	主要朝向{S}	南	0.0703	0.013	-3.40	0.0008
3	景观环境{1&3&6}	景观环境所属类型[b]	-0.0507	0.013	-2.65	0.0086
	景观环境{2&5}		0.0162			
	景观环境{4}		0.0852			
4	绿地率	小区绿地率（%）	0.0028	0.001	3.78	0.0002
5	学校距离	小区中心到最近学校的距离（km）	-0.0878	0.045	-1.93	0.0543
6	ln（建成年数）	建成年数（年）的自然对数	-0.0856	0.015	-5.90	<0.0001
7	1/套内面积	套内面积（m²）的倒数	6.6781	2.594	2.57	0.0106
8	建筑面积{40~49}	建筑面积区间（m²）	-0.0259	0.043	2.04	0.0425
	建筑面积{50~59}		0.0507			
	建筑面积{60~79}		-0.0062			
	建筑面积{80~189}		0.0666			
	建筑面积{190~219}		-0.0728			
9	地铁距离	小区中心到最近地铁站的距离（km）	-0.0406	0.004	-9.95	<0.0001
10	亚奥距离	小区中心到奥体公园、奥运场馆和公园的距离（km）	-0.0710	0.008	-9.29	<0.0001
11	住栋规模{>300}	小区平均住栋规模大于300（户/栋）=1，否则=0	-0.0929	0.024	-3.87	0.0001
12	户数密度{<100}	户数密度<100（户/hm²）=1，否则=0	-0.0352	0.015	-2.36	0.0190

$R^2=0.629$，Adj. $R^2=0.601$

表4的模型中包含12项相互独立的指标，可以解释套内面积单价的分散的62.9%（$R^2=0.629$）。这12项指标包括住宅形式、朝向、建成年数、到地铁的距离、到奥体中心和奥林匹克公园的距离、景观环境、绿地率等指标，它们都达到了统计检验的显著性水平（P=0.05），而且它们对房价的影响（由回归系数给出）也与经验十分吻合。

表4证明，建筑面积（第8项因子）对房价具有显著影响，它的回归系数反映出在其他条件完全相同的情况下，人们由于面积而获得的效用。其数值如图2所示。它表现为一条双峰折线，当建筑面积不到49m²时效用较低，在50~59m²之间效用明显提高（高于平均507元/m²），在60~79m²有所降低，然后在80~189m²之间达到最大值（高于平均666元/m²），超过190m²时效用再次明显下降。这些结论具有重要的政策含义。

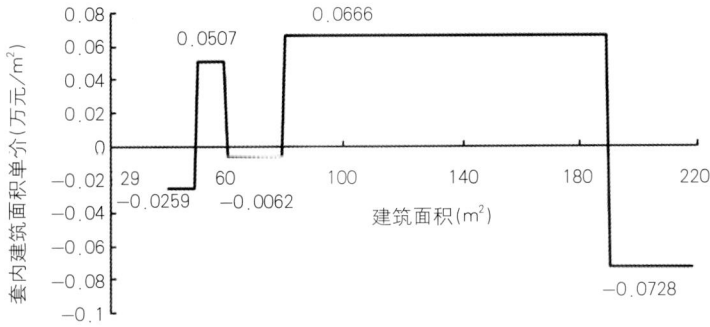

2.建筑面积的边际效用曲线

（1）50~60m²的建筑面积是人口较少的家庭的适宜选择

建筑面积50~60m²大致相当于一居室或小两居的面积。对单身、年轻夫妇、或者老年夫妇而言，是满足当前的生活需要而且经济实用的较好选择。不过，由于换购费用的影响，这一区间的效用略低于80m²以上的住宅。也就是说，如果经济能力受到限制，人们会选择50~60m²，而经济能力的制约不明显时，人们更倾向于80m²以上。因此研究提出，从鼓励梯度消费的政策视角出发，在提供合理比重的小户型住宅的同时，应该针对特定的目标层，通过减税、补贴等手段降低换购费用，从而创造引导居民理性消费的经济动机。

（2）80m²以上的普通住宅建筑面积最受青睐

在80~189m²之间，居民的效用达到全局最优。这一区间是居民家庭在预算得到保证的前提下，既能够满足较长时期以内的生活需要，又比较舒适的住宅类型。受数据的限制，我们没能区分适合于不同家庭结构的住宅，因此，80~189m²的区间范围比较宽。今后需要根据家庭人口、代际关系等特点对居民家庭进一步细分，划分适合不同类型家庭的面积标准。

（3）将50m²作为成套住宅建筑面积的下限标准

当建筑面积小于50m²时，效用显著降低。这一限度是健康、卫生和安全等方面的基本要求。因此，面积太小的房子尽管总价比较低，从经济方面容易接受，但如果低于该限度的住宅建得到鼓励，可能会造成生活品质下降，难以满足整个社会的长期需要。同时，建筑过于密集也会给城市基础设施带来较大压力。

从建筑设计的角度来看，以50m²为限度也具有其内在合理性。这时，套内使用面积大约30~35m²，接近于《住宅建筑设计规范》中关于成套住宅的"1个起居室（10m²），1个双人卧室（12m²），厨房（5m²），和1个卫生间（3m²）"的最低限度。因此，可以考虑将50m²设成普通成套住宅的最低面积标准。

（4）从提升地区整体价值的观点来看，应对面积过大的住宅从严控制

建筑面积过大时，住宅边际效用下降的趋势十分明显。因此，有必要设置一个控制门槛，对建筑面积过大的普通住宅进行严格控制。由于分析样本中面积很大的样本数量较少，可能会使控制门槛（190m²）的精度受到一定影响，所以今后还需要对门槛值作进一步研究。不过这一趋势确实十分明显，说明对超大户型进行控制的政策是合理的。

四、研究方法的整合与展望

以上研究事例表明，消费行为分析与市场分析等方法对于住房政策的技术标准问题来说是比较有效的。迄今为止，我们已经在分析方法方面取得了初步的成功。但是目前，关于住房需求类型的分析和关于居住标准的分析还缺乏有机结合；此外，由于数据和研究区域有限，上述研究结论是否能够应用于其他区域也还需要进一步的验证。

在实践中，如何根据家庭收入等指标来界定具有不同需求的居民群体，以及确定针对不同群体的住宅标准，具有重大的现实意义。因此，需求类型的划分与各种类型的适宜标准是住房技术标准中不可或缺的两个方面。为了给决策提供更有价值的参考，首先，需要在更大的方法论框架下对之进行整合。例如，由住房需求类型的分析归纳出住房消费子市场的划分原则，并将之应用于住房市场或居民满意度调查数据，然后根据不同的子市场对合理的住房标准进行分析（图3）。其次，需要在更大范围内采集数据，并且在不同地区进行试点，对分析结果的共性和差异进行比较，以提高分析结论的精度和适用性。目前，我们正在沿着这条思路进行研究，希望研究成果能对我国的住房技术政策的科学决策提供更加有益的参考。

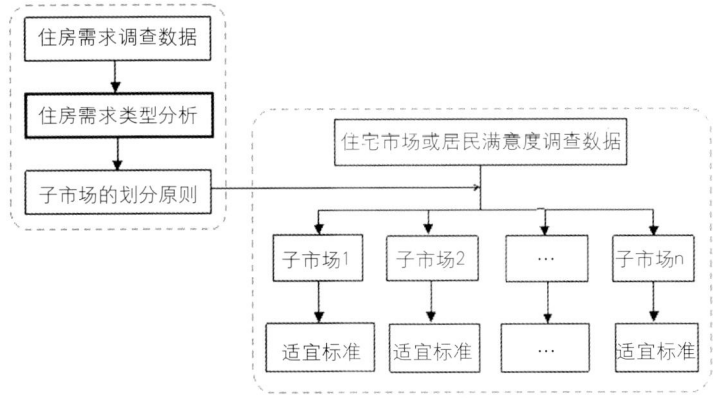

3.住房需求类型分析模块与住房标准分析模块的接合

注释

1.高晓路（2006）大城市地区居住面积标准的实证分析——以北京市为例．2006中国城市规划年会论文集（下）pp．9~14

作者单位：中国科学院地理科学与资源研究所

城市更新中的低收入群体住房保障问题探讨
Housing for the Low-Income Population in the Urban Renewal Process

尹 强 Yin Qiang

[摘要]文章探讨了目前城市更新过程中对低收入群体的影响，提出应探索多种更新方式，减少低收入群体的被动外迁，提高保障性回迁。

[关键词]城市更新、低收入群体、住房保障、外迁、回迁

Abstract: The article investigates the impacts of urban renewal on the low-income population in inner city, and suggests that more emphases shall be given to the study of alternative urban renewal methods to avoid the low-income being relocated in the suburb and increase the possibility of returning to their original spatial and social environment after the renewal is finished.

Keywords: urban renewal, low-income population, housing security, relocation, return the inner city

一、目前城市更新过程对低收入群体的影响

改革开放以来，我国城市经济迅猛发展，城市建设速度大大加快，旧城更新改造以空前规模与速度展开。当前我国大部分城市的更新方式仍然是大规模拆迁改造，城市更新对低收入群体的影响也主要体现在拆迁过程中。

《城市房屋拆迁管理条例》中明确了城市房屋拆迁补偿的方式，指出"拆迁补偿的方式可以实行货币补偿，也可以实行房屋产权调换"。在实际操作中，各城市所采取的拆迁补偿方式以货币补偿为主。在实际的拆迁改造实践中，各城市都通过最低补偿单价或最低补偿总额等形式，对低收入群体给予一定照顾。但由于低收入群体的原有住房大多面积较小，所获得的拆迁补偿款总额有限，面对更新后高昂的房价仍然不可能支付回迁费用，往往只能选择外迁到房价较低的城市郊区，实际上使低收入群体利益受损。

1. 居住空间资源质量降低。低收入群体从原来区位优越的住房搬迁到房价较低的郊区后，虽然住房条件比原住房有较大改善，但由于郊区生活服务设施条件的便利程度较差，居民外迁后还会遇到各种各样较难解决的具体问题，如上班、就医、孩子上学、交通、治安等，给居民生活带来了很大的不便。

2. 生活成本增加。由于在改造前的居住地基本不收取物业管理费，冬季采暖费用也相对较低，因此搬迁后的居住开支有所增加。而且，外迁居民的工作地点大多仍然在城市中心区，外迁给居民带来了通勤问题，使低收入群体通勤的时间和经济成本大大增加。对于低收入群体来说，这无疑使他们原本拮据的生活更加沉重。

3. 就业机会减少。由于改造前原居住地点临近城市中心区，很多下岗和失业的低收入者在难以找到固定工作的情况下，可以依赖附近的商业环境获得一些临时性的工作机会。外迁后，他们由于"地利"的丧失也失去了这些隐性机会。

4. 社会支持网络遭到破坏。低收入群体大多对居住地附近的社会联系依赖较大，邻居是构成社会支持网络中的重要节点。低收入群体在离开了由邻里组成的亲密社会支持网络后，重建地方关系网络相当困难。

二、探索多种更新方式，减少低收入群体的被动外迁

在目前普遍采用的由开发商操作的大规模拆除重建的更新过程中，往往以追求土地价值和经济效益的最大化为目标，而对低收入群体关注不足。被动外迁是造成低收入群体利益受损的直接原因。

对于低收入群体而言，原地改善居住条件是最理想的方式，能够在居住水平得到提高的同时，仍然能享有便捷的交通条件和社会服务设施，并最大限度保留原有社会网络。因此，从低收入群体保障的角度考虑，应改变目前的大规模拆迁改造的更新模式，积极探索新的城市更新方式，减少被动外迁给低收入群体带来的不利影响。

城市更新的含义并非仅仅是拆除重建，修缮、扩建、内部改造、设施改善等属于城市更新的范畴。而对原有旧建筑的改造和再利用，既可以有效改善居住水平，与拆除新建相比较也有利于节能节材，同时可以避免拆迁所带来的矛盾，在城市更新中应尝试多种更新方式，推进对旧建筑的再利用。

因此，在原有住房建筑结构质量较好，但住宅面积较小或不成套、设施不齐全需要改善居住条件的情况下——特别是已达到一定建筑密度和容积率的以多层住宅为主的区域，可探索包括改造外围基础设施条件、房屋修缮加固、扩建增加面积、内部改造合并、增加厨卫设施等在内的多种更新方式，延长旧建筑的使用寿命，以较低的更新成本和较小的社会代价，实现居住条件的改善。

三、提高拆迁改造后的保障性回迁住房比例

通过对旧住宅的修缮改造来改善居住条件，无疑是最为理想的办法，但在现实中，由于城市更新压力的普遍存在和追求土地经济效益的目标，大规模拆迁改造的更新方式仍然难以彻底改变，特别是在靠近城市中心的黄金地段和原有住房为低层住宅的区域，拆迁改造的压力很大。在不得不采取大规模拆改的更新方式的情况下，应增加拆迁改造后的保障性回迁住房比例。

在20世纪80年代，北京等城市进行的危旧房改造保持了很高的回迁率。20世纪80年代后期，危旧房改造以政府推动为主，比较重视社会效益，目的是对那些最破旧的住宅区实施紧急救治，采取政府、单位和个人三结合的方式进行建设，因此危旧房改造，如菊儿胡同、小后仓、东南园等危改项目，得到了广大居民的支持。但20世纪90年代以后，很多城市的危旧房改造逐渐改为通过商业性的房地产开发来实施，这形成了与已往大不相同的建设方式。由于实施城市更新的主体为追求利润最大化的开发商，而部分政府为主导的更新项目也要地块内实现经济平衡，这不可避免地造成商品住房比例增加、回迁住房比例降低的现象。

改善居民的居住条件无疑是城市政府推动城市更新的初衷和目标之一，在目前构建社会主义和谐社会的发展目标之下，城市更新改造应从强调经济效益目标回归兼顾社会效益的综合目标。

在城市更新中，城市政府应改变追求经济效益或经济平衡的思路，更多地承担保障低收入群体权益的责任，将住房保障支出纳入政府财政预算，并通过给予适当容积率奖励、开发权转移、税费减免优惠等多种方式，增加保障性回迁住房，提高低收入群体的回迁比例，尽可能减少被动外迁给低收入群体带来的不利影响。

四、有效发挥存量直管公房的作用，在城区增加廉租房供给

对于因种种原因在拆迁改造中无法回迁的低收入群体，应在城区增加以廉租房为主的保障性住房供给，这是为城市更新改造中的低收入群体提供多样化选择、保障其生活质量和利益不受到严重损害的重要前提。而存量直管公房是在城区增加廉租住房的重要房源。

直管公房是政府房屋管理部门直接管理的公房，在计划经济时期，直管公房是解决居民住房问题的主要途径。随着我国住房制度改革的推进，1998年以来很多城市在原有大量低租金直管公房面临难以支付维修费用、运作艰难的情况下，都开始推进公房出售的进程，直管公房的数量已大大降低。在目前保障性住房供不应求的情况下，城市政府应保留一定数量的直管公房，并采取有效措施，使其更好地发挥住房保障作用。

目前，不同城市存量直管公房的出租价格各不相同，但都远远低于市场价格，具有廉租住房的属性，但由于历史原因，很多直管公房的承租者并非低收入群体，同时往往存在着公房空置、转租等问题。

为使直管公房更好地发挥住房保障作用，建议在直管公房管理中采取以下措施：1.直管公房是城市政府直接控制的房源，是住房领域的社会公共资产，不宜全部私有化，应确保公房存量水平，以满足低收入群体的住房需求；2.严格直管公房租住资格审查，与收入水平能够承受市场租金或购买商品住房、以及有其他住房的租户解除租约，并清退闲置或转租公房租户；3.提高直管公房租金，根据申请租住家庭的收入水平不同采取多档租金价格方式和房屋面积标准，可考虑参考国际通行的住房支出不超过家庭收入的25%~30%的比例来确定分档租金标准，这既可以体现有针对性的租金补贴特点，又可以增加公房出租收益用来修缮与改善住房与基础设施；4.加大对直管公房的维护、维修、改善和改建，提高公房成套率和设施水平，使其能够满足现代生活的基本需要。

五、结语

在已往的以大规模拆迁改造方式为主的城市更新过程中，由于过度追求经济效益而忽视了对低收入群体的保护，被动外迁使低收入群体的居住空间资源质量下降、生活成本增加、就业机会减少、社会网络遭到破坏，从而使其利益受损。

近年来，随着构建社会主义和谐社会的发展目标的提出，国家的公共政策更加关注社会公平和社会和谐，包括住房保障在内的低收入群体社会保障体系正在不断完善，也受到了社会的广泛关注。新的社会发展环境要求城市更新转变方式，关注低收入群体权益，减少被动外迁，以实现公平与效率兼顾的目标。在城市更新中，应加强旧建筑的利用，积极探索修缮、扩建、内部改造、设施改善等多种更新改善方式；在拆除重建的更新项目中，应增加保障性回迁住房的比例；同时在城区充分利用存量直管公房，增加廉租住房的供应，为低收入家庭提供多种选择，减少被动外迁到来的不利影响。

作者单位：中国城市规划设计研究院

我国廉租房建筑设计研究

A Study on the Architectural Design of Low-Rent Housing

周燕珉 王富青 *Zhou Yanmin and Wang Fuqing*

[摘要]文章通过对低收入者的生活特点和居住需求的调查、研究,提出廉租房建筑设计要做到空间、功能的科学、合理、实用,设计标准和形式应适应我国基本国情。

[关键词]廉租房、居住需求、建筑设计、设计标准

Abstract: *Through the study on the lifestyle characters and housing needs of the low-income population, the article suggest that the low-income housing design shall reach scientific, rational and practical arrangement of space and function. The standard and form shall be in accordance with the context.*

Keywords: *low-rent housing, housing needs, architectural design, design codes*

2007年8月发布的国务院24号文件明确了国家建立以廉租房制度为核心的住房保障体系的大政方针。今后一个时期,特别是在大城市地区,新建一批适合低收入居民居住的廉租房势在必行。由于廉租房在对象群体和面积标准等方面与普通商品住宅有明显的不同,因此在建筑设计的过程中必须对此有充分的考虑。但迄今为止,我国的住宅设计领域缺乏在这方面的研究积累,甚至可以说处于近乎空白的状态。为了适应住房保障制度的建立带来的对廉租房建设的大量需求,迫切需要住宅设计领域的专业研究人员对廉租房的建筑设计开展系统深入的研究,并将其成果用于指导设计实践。

出于这样的考虑,我们针对廉租房的建筑设计问题开展了初步的调查和研究工作。在此基础上,提出了廉租房建筑设计的一些思考和思路性建议,以供相关各界人士参考。

一、廉租房设计应以低收入者的生活特点和居住需求为基础

改善居住条件是低收入者提高生活水平的重要内容之一,同时住房在低收入者的全部生计中占有重要地位,对于其维持生计的活动将产生重要的影响。因此,在廉租房的设计中,需要以研究低收入者的生活特点和居住需求为基础,从而设计出符合其生活需求,有助于提高其生活水平的廉租住宅。

在收入低的共性下,低收入群体还存在着家庭结构、租住者年龄、经济来源方式、生活侧重点等方面的差异。因此,廉租房的户型、面积、配套设施等应依据使用者的不同需要有不同的设计形式。

家庭结构差异。家庭结构是决定户型形式、面积大小的主要因素。不同的家庭人口和年龄结构对廉租房的面积、户型和设施等有不同的要求。以年龄结构为例。因年龄的差异,租住者对廉租房的依赖程度是不同的。我们必须面对一部分上了年纪的、身体残障或有严重慢性疾病的租住者,这部分人进入廉租房后,可能会永久居住在廉租房中,难以依靠自身的力量再改善居住条件。如果从开始安置时就考虑社会将来必须要提供的福利,如养老、医疗、护理等,从而在廉租房建筑设计中加以考虑,如在宅

养老的要求、医疗护理服务的要求等，将为我们有限的社会支付能力减轻负担。

经济来源差异。低收入者的经济来源可能包括两部分：自食其力和享受社会福利保障。经济来源的差异对廉租房设计的影响主要表现为低收入者对廉租房建筑内公共空间、户内空间等有不同的需求，其使用状态也不一样。如以摆地摊、拾荒等维持生计的自食其力的低收入者需要有存放劳动工具和部分经营物品的空间；而依靠国家福利获得生活费用的有资格租住廉租房的使用者大多已失去劳动能力，所以他们对居住地的要求和公共空间的要求也有别于自食其力的租住者。调研中我们发现残障人士等需要的是在公共空间中放置出行工具，如助动车和轮椅等。图1~2反映了北京广渠门北里廉租房建筑内部公共空间的使用状况（北京广渠门北里廉租房的主要居住者是军烈属、残障人士等）。

生活侧重点差异。不同年龄的租住者，不同时期的家庭类型在生活中的侧重点会存在差异。如在相同面积下，年轻夫妇可能更希望有一个较好的卧室，而一个有学龄儿童的家庭可能更希望能给小孩提供一个安静的学习场所。因此在廉租房的设计中应考虑满足不同家庭类型居住需求的可能，如增加户型的可适应性等。

上述主要是低收入者生活特点和居住需求的差异，低收入者的居住需求中也包括其对居住改善的心理预期。在调研中，我们发现低收入者对居住条件的需求普遍较低，大多仅限于最基本的居住生活要求，如便宜、安全、卫生、温暖等。这说明，满足最基本的居住生活需求应是廉租房设计时的首要考虑（图3~4）。

二、建筑内部功能及空间应科学、合理、实用

（一）适应各地气候差异

我国幅员辽阔，气候差异大。在住宅设计中，对通风、采光、保温、隔热等的要求差异性大。廉租房设计中不仅要符合气候对住宅设计的要求，而且也要注意设计因气候差异而形成的一些特殊功能空间。

如图5所示，南方的北向服务阳台集中了进餐、休息、纳凉、家务等多种功能，这个多功能的空间形式不仅适应南方炎热的气候特点，同时也通过功能复合，提高了空间的使用效率，节省了造价和使用面积。

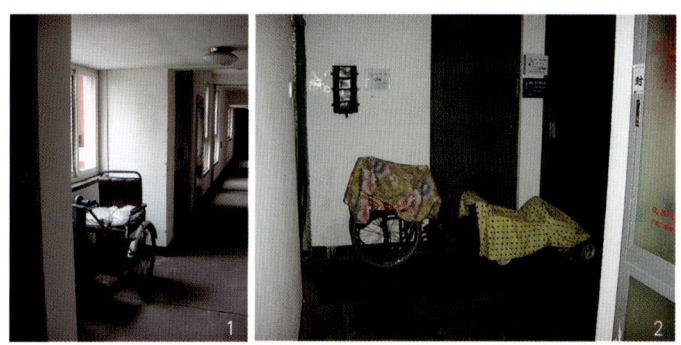

1.2. 北京广渠门北里廉租房建筑公共廊道的使用状况。因住户多为军烈、老龄、残障人士等，所以廊道内多处放置了老人和残障人士专用的交通工具

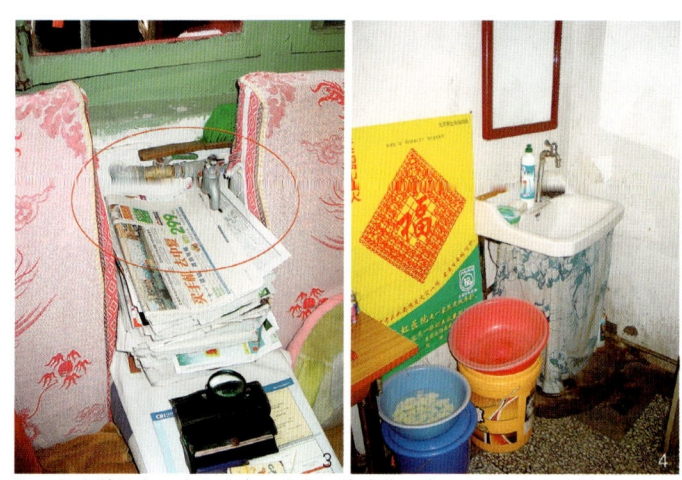

3.4. 住户希望冬天在室内有一处专门的洗漱区域。为防止冬天水管冻裂，住户把户外的水龙头接进了室内

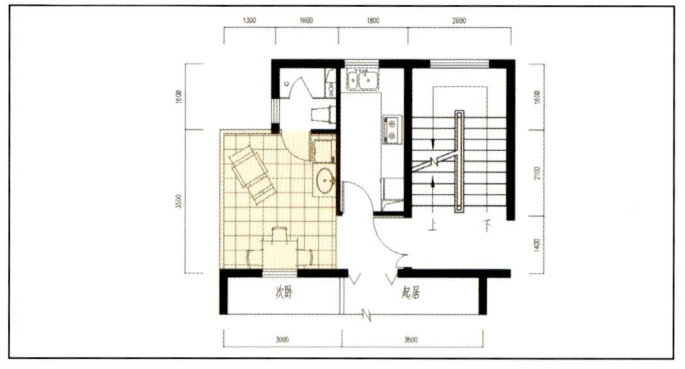

5. 南方的服务阳台是家居生活的重要空间，具有多样的功能。在南方，充分发挥服务阳台的功能，既可以满足使用需求，又可以节省建筑面积

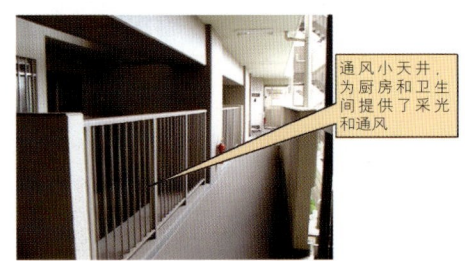 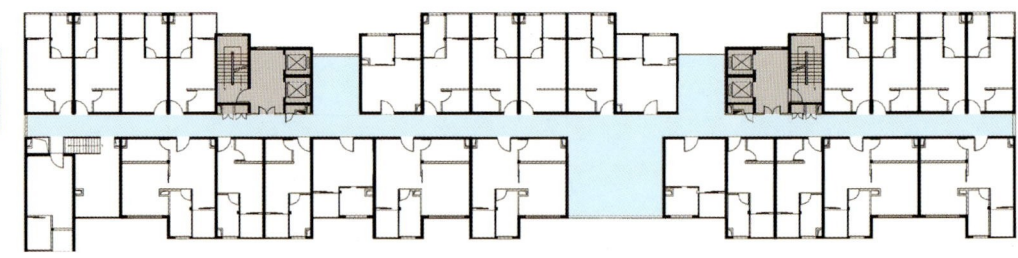

6.通过设计小天井为室内的部分功能空间提供采光和通风。图为日本新舞滨地区的住宅实例

7.在内廊式建筑内,通过局部放大走廊空间,既可以增加进光量和增加空气流动,又可以为租户提供公共活动的空间(图片来源:90m²住宅设计竞赛)

(二)保证良好的通风和采光

2003年的SARS事件带给城市居民的最大教训就是住房的卫生问题,其中最重要的是住宅的通风和采光条件。廉租房高居住密度下的通风、采光问题值得特别关注,应努力做到使户内空间和公共空间有良好的穿堂风,主要房间及人常停留的活动空间尽量有自然日光照射。

良好的通风和采光可以减少细菌的繁殖。住宅中厨房和卫生间面积小、功能多,是户内重要的功能空间。在廉租房建筑设计中,争取明厨明卫在设计上可能有一定难度,可利用凹槽或设置小面积的通风天井来组织自然通风。如图6所示,是日本新舞滨地区的住宅实例,其在廊道与户之间设置了小通风天井。在内廊式的公共空间中,通过局部放大空间对外开窗等,增大廊道空气的流动量,也可为使用者提供活动空间(图7)。

(三)合理确定楼栋形式和各类户型比例

"节约用地"、"降低造价"、"遵守建筑法规"是实际建设中影响廉租房设计形式最主要的三大因素。在现行政策中,新建廉租房将主要通过配建措施实现。开发商出于逐利的动机,可能会通过提高容积率来达到节省开发用地的目的。会出现设计不良的板连塔、通风不良的内廊式住宅,一梯很多户的大体量的塔等,高容积率带来的是高居住密度,由此可能会带来安全性差、私密性差、卫生条件差、绿化环境差、公共配套少、交通混杂等各种各样的矛盾。为避免过高居住密度的廉租房建筑形式出现,相关部门需要制定政策加以调节控制。

在确定廉租房建造形式的时候还需要研究楼栋内不同部位适宜配置什么样的户型,以在一定的用地面积限制之下实现较大的使用面积,同时又有利于各种使用功能的满足。

影响各类户型比例的因素多且复杂,例如廉租房建设的城市地理位置;是集中建设还是分区配建;具体针对的租住对象;特定区域内低收入家庭类型的比例;各类租住者希望和什么样的邻居为伴;什么形式的居住组合模式有利于促进交流、相互帮助、建立安全等,这些问题都需要通过深入研究,才能将廉租房设计的更加科学、合理。

(四)探讨楼栋内公共空间的设计形式

公共空间设计要求保证安全、卫生,促进信息流通和邻里交往,利于家人照看老人和孩子。公共空间要做到实用和多功能,良好的公共空间形态可以起到家居功能延伸的作用。

合理的公共空间有利于低收入者间的交流和活动,然而不合理的公共空间会成为引发犯罪的隐患,在国外的廉租房使用调查中已有报道。从安全的角度出发,要求设计者精心安排公共空间的形式,包括良好的采光、照明,流通的视线等。如儿童玩耍的地方要尽可能在公众的视线中,避免设计曲折过多、有死角和暗角的公共走道;每户对公共走道设观察孔等。

在对北京某城中村农民出租房的调研中,我们了解到,在公共走道内,住户们在这里做饭、闲聊,还存放了部分物品(图9~11);同时我们看到在一条较为宽敞的过道内,有着丰富的活动形态:打牌娱乐、摘菜做饭、做活交谈、孩子学习等,公共空间在人们的居住生活中占有重要的地位。

8.北京广渠门北里廉租房的建筑外观。这个廉租房小区的建筑采用了内廊、外廊相结合的形式

9~11.在实际调研中,发现公共空间有着丰富的使用状况

在北京广渠门北里小区的调研中，我们发现公共空间的使用形态除交通功能外，从图12~13中可以看到，其还用作存放车辆、储藏物品等。有的地方放置了专门用作交流的沙发，但其上灰尘厚厚，看上去鲜有使用者在这里停留（图14）。因此，什么样的居住群体需要什么样的公共空间形式，是廉租房设计中需要加以探讨研究的一个重要方面。

（五）完善小区内的公共配套设施

虽然廉租房的居住面积远不如普通商品房的居住标准，但是其居住品质必须保持在一定的基本水平之上。当廉租房面积较小时，可以通过完善公共配套设施来提高居住的品质。

与低收入者生活最为密切的因素主要有商业、医疗、教育、交通等。在配建的廉租房建筑设计中，如何将住宅空间和公共服务空间有机结合，需要加以探讨。柯布西耶设计的马赛公寓将上述公共空间都结合在同一幢建筑中，而香港的廉租屋则是将公共服务建筑设计成各种活泼形式，营造了丰富的公共活动空间，给拥挤、呆板的廉租屋建筑形式予以一定的补充和调节[1]。

基本生活水平的保障还包括配备基本城市配套设施，如水、暖、电、煤气等。另外闭路电视、网络端口、呼救系统等城市发展的文明成果未来也应使低收入者能够共享。这些都需要在廉租房的建筑设计中予以必要的考虑。

（六）考虑存放生产资料的空间

低收入者生活水平的提高是一个综合的过程，不是单纯通过改善居住水平就可以实现的。只有通过建立合理的、稳定的经济收入来源，才能真正提高生活水平，然而经济收入的稳定和提高，有赖于劳动方式的保留和改善。因此需要考虑象生产资料存放这样的问题，这也是低收入者愿意进廉租房的前提。

例如在低收入者的劳动中，会有像三轮车、缝纫机、检修安装工具、以及如没有及时送收购站的废品等物品需要有存放的空间等，如图15~17所示。如果在新建廉租房中没有考虑到租住者这些关系到生活来源的问题，那么将对租住者的生活产生极大的影响。

因此在廉租房建筑中，有可能需要利用地下、半地下或者其他不能作为居室的空间存放大件的劳动工具、物品等。同时，结合家庭经济形式，需要考虑租住者在家劳动、工作的可能性，如减少室内空间的墙体划分，形成灵活可变的大空间，以便住户作为家庭作坊使用。

12.13.在北京广渠门北里的廉租房小区调研中，发现公共空间内存放了各类物品

14.这是北京广渠门北里廉租房建筑内的公共走道的局部放大空间，虽然这里放置了休息座椅，但是由于空间形态不佳，在调研中没有看到有人在这里使用、活动

15.摆小摊的低收入者需要有放置劳动工具的空间

16.17.调研的一家租户家中放置了缝纫机，女主人以此为周边的租户服务赚取生活费用

18.19.以屋子的一角作为做饭空间，每餐简单的饭菜并不需要复杂的厨房设备和过多的餐具

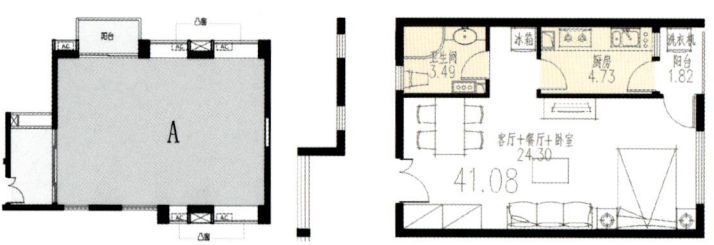

20.21.在一个大的空间中，使用者可以根据自己的需要加以自由分割（来源于：90m²住宅设计竞赛）

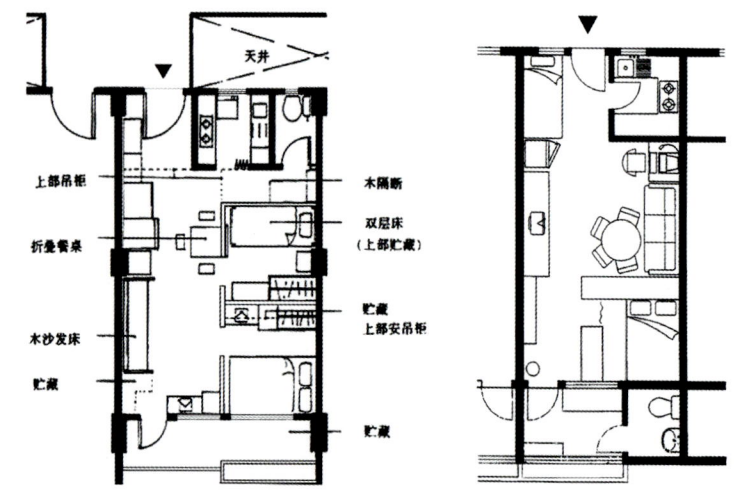

22.23.户型面宽的设置要有利于卧室的分隔。图22面宽较大，增加一间卧室后基本不影响家居功能。图23面宽较小，无法再分隔出一间卧室。（图片来源：贾倍思 香港公屋本质、公屋设计和居住实态 时代建筑 3/1998）

24.25.调研中可以发现低收入者在狭小的家中，利用架设隔板、放置上下铺等增加储藏空间
26.是北京广渠门北里廉租房建筑阳台的使用状况，堆满物品的阳台反映了室内缺少储藏的空间

（七）依需求顺序配置户内空间及面积

户内空间有睡觉、做饭、如厕、储藏、学习、娱乐、待客、工作等功能，在不同面积，不同保障水平的廉租房内，其空间配置需要以租住者的需求顺序为依据逐步进行完善。

每一个功能空间最小面积的限定，需要调查低收入者的生活特点，然后确定是否设置，以及确定合适的面积大小。比如一些空间可为共用，如公用厨房、公用卫生间等；空间尽量通过时间差复合利用，如就餐、娱乐、学习可为一个空间；厨房中一个炉灶就够用，就可以减少台面的长度，从而减少厨房的面积。从图18、19中可以看到，我们调研的低收入家庭每餐只做简单的饭菜，所以厨房设备和餐具十分简单。

（八）增加户型的可适应性

如前所述，低收入者的情况各异，对家居功能的要求也不同，为了使新建的廉租房更多、更好的适应不同情况的租住者，要求廉租房增加可适应性。具体措施如：

除厨房、卫生间等服务性空间独立外，其余空间可以集中设计大空间，这样可以把空间划分的权利交由租住者自己决定。如图20、21所示。

廉租房套型尺寸和每个空间的尺寸关系，要利于家具多种摆放的可能。对低收入者而言，最重要的家居功能是睡觉，因此床的摆放位置和摆放方式是几个主要使用空间尺寸关系的重要决定因素。如图22、23所示，两个户型的面宽不同，图22宽较大，把起居改为卧室，增添一个折叠桌椅后基本不会影响家居功能，但是图23由于面宽尺寸的限制，无法再分隔出一间卧室。因此在确定户型开间、进深尺寸时，要考虑将来改造的多种可能性。

（九）提高储藏空间的使用效率

良好的储藏空间配置有利于住宅室内保持整洁和有效利用。从下面这些调研的图片中可以看到，即使是低收入者的住房，其生活也有对各种物品的需求，如果没有很好的储藏空间，狭小的室内就会出现物品到处堆放的杂乱现象，因此降低生活质量（图24~26）。

储藏空间应加以细分。储藏细分是指在面积有限的各功能空间中进行立体化设计，充分利用每一个角落。如设置壁柜、吊柜、顶棚下架设隔板、双层床，并对储藏柜内部空间进行精心分划，尽可能提高储藏量。下图27是日本的住宅平面，标色处为储藏空间，从中可以借鉴其储藏分类的设计形式。

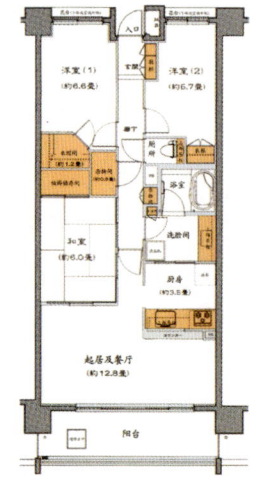

27.日本住宅储藏空间比重非常大，一般达到住宅使用面积的1/10左右，并且分类细致，各个功能区均安排了适用的储藏空间，良好的储藏空间分布可以保持家居生活的整洁性（周燕珉 向日本住宅学习什么）

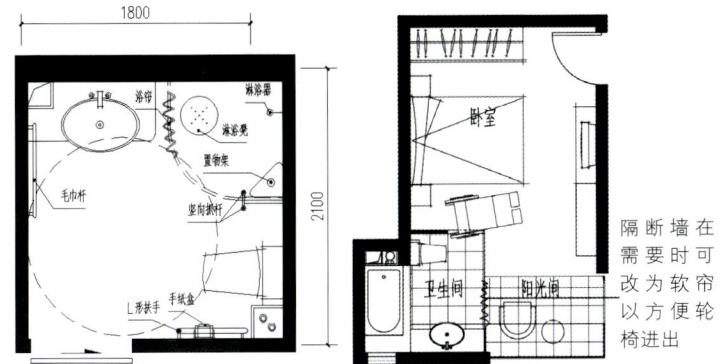

28.29.卫生间的无障碍设计形式。轻质隔墙有利于将卫生间改造成为轮椅方便进出的空间形式

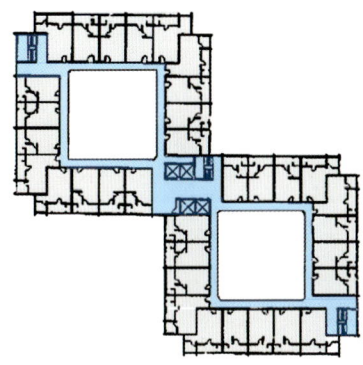

30.是香港70年代中建设的公屋形式（图片来源：田东海 香港公共房屋设计的演进 世界建筑 3/1997）

三、设计的标准和形式应适应基本国情

（一）结合老龄化国情满足无障碍设计

我国廉租房建设计必须面对人口老龄化的国情。

老年人、残疾人等作为社会的弱势群体，其在低收入者中的比例高于全社会的平均比例。这两部分人由于年龄和劳动能力的限制，依靠自身改变生活较难，他们在廉租房中居住的时间会较长，可能直至终老。

因此在廉租房的设计中，需要考虑无障碍设计和可改造性，考虑老人、残障人士的使用便利和安全，如图28、29所示。同时还需要考虑配套公建应配备相应的养老设施，如托老所、医疗所等。

（二）正视与现行法规的矛盾

现行建筑法规对于住宅的日照间距、各空间的最小面积等都有比较严格的规定。但这些规定对于廉租房降低建造成本的客观要求之间形成了冲突。以日照为例，适当缩小日照间距或出现北向户型可以增加进深以节约土地，同时也可以增加户数总量，但这受到与日照相关的规范的限制。在面临这种居住权与阳光权的类似矛盾面前，需要社会对此作出权衡，并将权衡的结果体现在对法规和规范的修订之中。

图30是香港某公共住房的平面图，这种设计形式有利于提高土地的利用率。但是这种设计形式并不符合我国现行的日照规范。

（三）计划当前新建廉租房的未来用途

廉租房的建设和使用是一个动态的过程，是社会保障体系中的一个环节。

随着经济的发展，社会保障的范围和水平将不断提高。大城市在解决了本市居民的住房困难之后，马上面临的是解决外来人口的住房困难问题。今天的廉租房在未来可能会转向什么样的人群使用，将如何改造等，在开始的设计中如果加以考虑，就可以在未来减小改造的难度和浪费。

四、结语

综上，廉租房的设计应立足于对城市低收入者生活状况的深入研究，掌握他们的生活特点和居住需求。在此基础上设计出使用安全、便利，符合低收入者生活模式，利于邻里交往，具有较强适应性的廉租房。

同时廉租房的设计要立足国情。人口众多、经济较落后、社会老龄化等是我们国家未来几十年内仍需面对的基本事实。廉租房的建设标准、要求等须符合这些国情。

*未注明来源的图片均为作者自己拍摄或绘制

注释

1.贾倍思. 香港公屋本质、公屋设计和居住实态. 时代建筑 3/1998

作者单位：清华大学建筑学院

近现代城市发展脉络与中国住宅的现实选择
Modern Housing Development and the Practical Housing Strategy of China

张 杰 张 昊 Zhang Jie and Zhang Hao

[摘要]本文简要叙述了城市工业化和城市化对城市住宅的影响，说明近现代住房供给体系的主要类型和构成，结合城市交通发展与住宅的历史，在分析我国现状的基础上说明中国城市住宅未来的现实选择方向，最后强调了环境压力对城市住宅的影响。

[关键词]近现代、城市住宅、中国对比

Abstract: *The article starts with an analysis of the impacts on urban housing by industrialization and urbanization. Then, it gives an account of the main patterns and composition of modern housing provision system. Combining the depiction of the development of urban transportation and urban housing, based on an analysis of present situation, it explains the practical housing strategy of China for the future and emphasizes the pressures exerted by the environmental question.*

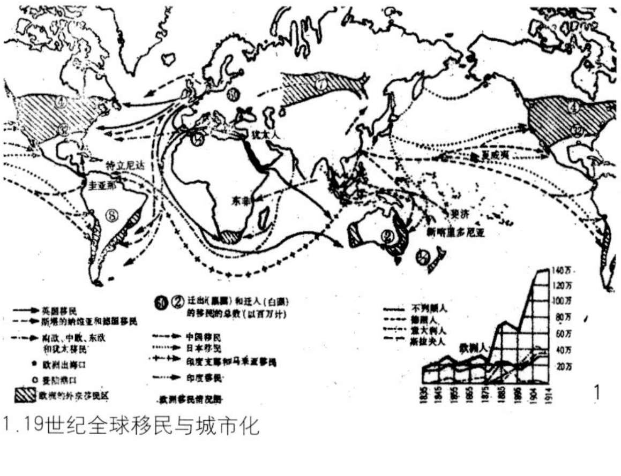

Keywords: *modern urban housing, comparison*

1. 19世纪全球移民与城市化

一、工业化、城市化与城市住宅

近现代城市住宅的发展紧密伴随工业化和城市化的进程。18世纪中叶，工业革命首先从英国开始，很快波及欧洲和北美各国。工业革命带来人类历史上最大的人口迁移，他们甚至跨越国界和地区从农村涌向城市，移民潮在19世纪中叶尤为突出。

到20世纪初，主要工业国家已基本进入城市社会，其面临的问题也主要是如何解决城市社会的问题，如人口的疏散、工业的区域调整、大量城市住宅的建设等都是建立在工业社会和城市社会的基础上的。大量的"城市移民"自然使得居住成为需要解决的首要问题，而且这一居住问题不同于人类历史以往任何时期所面临的情况。正是工业化和大机器生产的发展，带来工人社区的出现以及贫民窟、阶层住宅的空间分化；而城市化的发展则带来人口从农村地区大量向城市集中而产生的独特的城市住宅问题。这也成为从中国现实问题角度思考和研究发达国家城市及城市住宅历史的最关键所在。

中国目前也面临着城市化加速发展时期，目前我国城市化进入加速发展阶段。从20世纪90年代中期城市化率突破30%以后，平均每年提高1.3～1.5个百分点，2004年城市化率已达42%。预计到2010年我国城市化率将达48～50%，2020年将达55～60%，而据我国城市化进程的战略

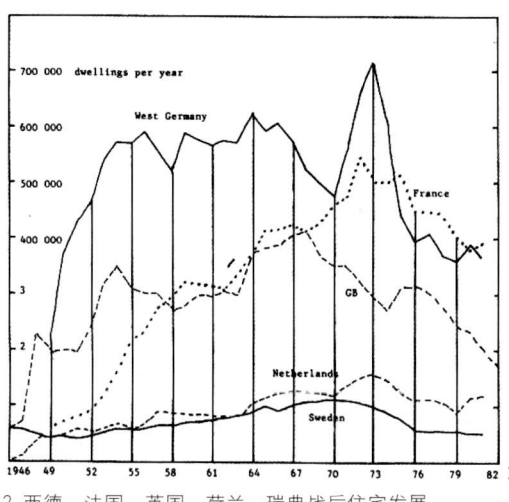
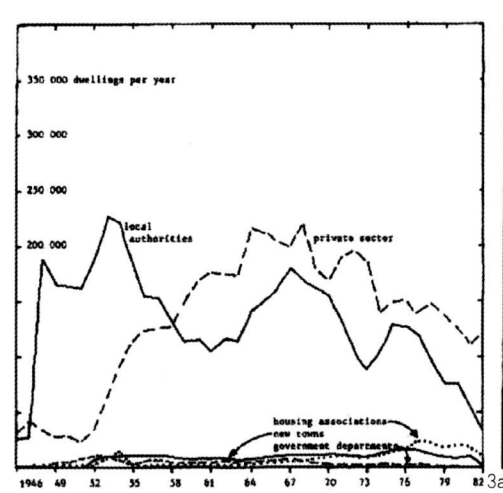
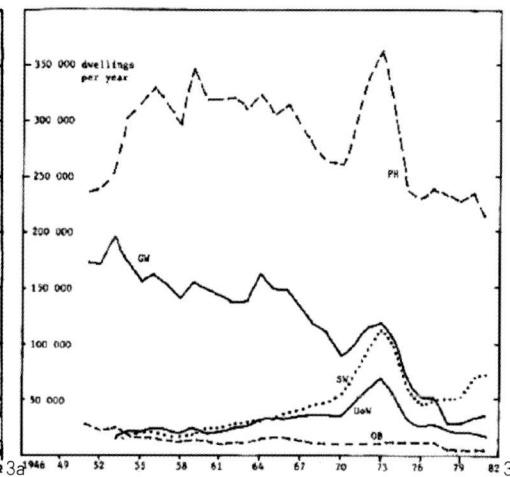

2.西德、法国、英国、荷兰、瑞典战后住宅发展　　3a.3b.欧洲现代住宅供给的总趋势——私有房屋的比例越来越高

设想，预计2050年城市化率将达到75%。这样的城市化速度必然带来农村人口向城市的大规模转移，在未来不到20年里，将有2亿多农民涌向城市，到2050年这个转变的数量会高达6～7亿之多。可见在今后一个相当长的时期内我国将会经历世界发展史上最大规模的农村人口向城市迁移的过程。在这个过程中将要解决的城市住宅建设问题，可借鉴从欧美城市住宅发展中伴随工业化、城市化进程的历史经验。

二、住房市场的供给体系

工业化和城市化的发展，改变了人类传统的自给自足的住宅供给体系。住宅建设也成为资本家获得最大利润的重要手段。这样不但可以对劳动力自身进行剥削，而且把劳动力维持劳动力再生产的过程纳入榨取利润的过程。城市资本与无产者的出现导致了两个问题：（1）住宅投资者与居住者的分离，居住问题的解决对资本的依赖转变为传统的家族式、社区式的住宅建设模式或获得方式被市场化。现代金融体系的建立使住宅消费越来越成为一种超前式的消费行为。（2）城市无产者居住问题的解决对社会的依赖：由于城市无产者不再像传统农业社会中那样可以获得土地和建设材料及手段，所以出现了普遍的、社会性的住房短缺、住房问题。而他们在现代资本主义经济体系中的地位又使其难以像中产阶级那样，通过对资本的依赖解决自己住宅问题，所以导致"社会住宅"的出现。

19世纪工业革命期间，西方社会与政府为了解决自由竞争下的城市发展和公共卫生及住宅问题，逐步引入了住宅最低标准，如公共卫生法、住宅规范等。19世纪政府为解决大部分城市人口的住宅问题，逐步引入了房租控制、社会住宅等体系。一战和二战之后，为了解决因战争造成的严重的住宅短缺，欧洲国家政府普遍加强了出租私房市场的租金管制以及这些住房使用的安全管理。同时政府还大力发展由政府补贴的社会住宅供给[1]。这种模式在西欧国家一直延续到20世纪70年代。随后的社会、经济变化导致了大量住宅建设的结束，以及新的住宅供给体制的出现，同时政府越来越多把住宅问题放到市场中去解决[2]。

二战以来西欧住房政策的四个阶段：一、二次大战之后，政府高度干预阶段，主要方式为住宅补贴。二、20世纪50年代至20世纪70年代初，大规模的住宅建设、新城和贫民窟清除。20世纪60年代后期，由于住宅标准不断提高，政府开始意识到大规模的住宅改造在经济上负担太大。1973年的石油危机导致政府开支大幅消减，住宅建设转向整治和对住户的补贴。三、自20世纪70年代后期，由于公共支出的减少，政府对公有住房进行私有化，社会和市场投资成为对住宅建设的主体。导致住房的两极化，房户增加。四、20世纪90年代，政府为了平衡低收入和少数族群的住房短缺问题，不得不采取措施缓解矛盾，增加对特定人群的福利性住宅。

在供房体系上，西方国家主要有两种住房供给体系[3]：一、住房拥有制：倾向于私有制社会结构的社会中倡导住户拥有自己的住房产权，如英、美、加拿大、澳大利亚、新西兰等。二、住房出租制：倾向于集体制社会结构的社会主张通过租房体系的完善解决社会的住房问题。对于自有市场国家，英国20世纪70年代中期以来，自有住宅（owner-occupy）逐步成为主导的住宅所有制形式。由于政府对自有住宅补贴的增加和鼓励，导致自由住宅比例大幅上升。这种政策是一种结构性的发展（如公房的私有化，租金控制的放松使租房在经济上越来越不利），因为它主要目的是刺激需求，而不强调住宅的社会总量的增加。而社会福利国家，荷兰、瑞典等社会住房出租总量比例高于欧洲的平均水平。强调政府应提高住房津贴以补贴低收入群体的住房费用，或加大社会和私有出租住宅的总供给量。在大部分新兴工业国家（NICs）和所有发展中国家，大部分人无力购买正式的住宅。一半以上的城市居民居住在低标准的住房里。尤其是在快速城市化阶段，非正式住宅更为普遍。20世纪50年代，朝鲜战争后，汉城由于住房短缺、大量人口从各地涌入，致使城市山地和空地出现很多贫民窟。六七十年代韩国实行集权的国家资本主义，汉城在出口经济的带动下快速发展，人口不断增长，城市周边和外围出现了大量贫民窟[4]。甚至在20世纪90年代，这种非正式住宅在墨西哥城还高达60%，有的更高。全世界超过100万人在不属于自己的土地上，居住在非法或合法的简陋的住所中。住宅援助成为当今世界发展中国家重要的方面。1972年到1990年间，世界银行独立参与了116个住宅援助项目，平均每个项目涉及资金2600万美元，其中一个重要方面就是资助居民自建。

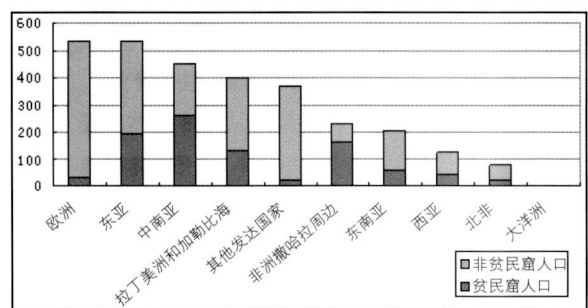

2001年分布区域城市人口中贫民窟居民人口数（百万）
数据来源：UN-Habitat, 2003. The Challenge of Slums: Global Report on Human Settlements 2003

对于中国来说，改革开放以来随着中国社会主义市场经济的逐步建立和国民经济的迅速发展，城市居民生活水平明显提高，但同时随着收入差距的扩大，城市居民的社会结构正在发生迅速的分化[5]。在短短的20年里，我国已经从一个经济平均主义盛行的国家，转变成为国际上中等不平等程度的国家，贫富差距在这样短的时间里迅速拉开[6]。

中低收入阶层的居住问题成为我国城市住房需要解决的首要问题。目前我国城市中低收入居民的住房需求很难依靠住房市场提供的普通商品房满足，高涨的房价远远超出他们的负担能力，对于住房市场供应量最多的普通商品房只能望尘莫及。实际上，目前我国城市住房供应体系存在的是一种结构性矛盾——从住房总量上来看，人均住宅面积持续上升，住宅面积总量也在不断增长，但是其中面向中低收入群体的廉租房和经济适用房的比例却逐年下降[7]。这种住房供需体系的结构性矛盾是我国城市住房问题的根源所在。从我国目前的经济发展结构来看，这部分中低收入群体将在一定时期内长期存在，因此如果不对住房市场的供应进行根本调整，这种供需体系的结构性矛盾也会将长期存在。

目前我国城市典型低收入群体的构成主要有两部分：一部分是下岗失业职工，随着20世纪90年代后期市场经济体制改革的深化，原计划经济下形成的产业结构发生巨变，国有企业纷纷破产，许多职工下岗或待业。在社会保障制度并不健全的条件下，大量下岗工人再就业失败，经济水平低于最低生活保障线。另一部分是流动人口和农民工，受中国快速城镇化及农产品市场价格下降的冲击，大量农村人口向城镇迁移[8]。这些"城市移民"不仅缺乏城市住房保障，其收入水平也是城市最底层。前一部分人群的住房绝大多数已经在通过上世纪的福利分房政策得到基本解决，而城市外来流动人口的住房问题才是低收入群体的住房问题的关键，而且这部分人群的数字在逐年以惊人的速度增加。而这部分人群由于没有城市户口，所以未被纳入城市住房保障体系，无法享受与户籍制度捆绑的住房福利，他们选择的居住地点往往是租金低下的城市旧区或者城市边缘的"城中村"地带，其中一部分人甚至是居住在自发聚居的"非正式住房"。这类聚居区往往处于城市管理的盲点，普遍存在社区功能薄弱、公共设施匮乏、社会保障缺失等问题。

深圳城中村占地概况和建筑规模

区域	辖区土地面积(km²)	城中村个数	城中村占地面积(km²)	城中村占辖区土地比例	城中村总建筑面积(km²)
罗湖	78.89	24	1.50	1.90%	600.0
福田	78.04	15	5.21	6.68%	906.0
南山	167.05	28	7.10	4.25%	1145.8
盐田	71.83	19	1.44	2.00%	160.0
合计	395.81	86	15.25	3.85%	2811.8

图表来源：深圳国土资源和房产管理局编．2004~2005深圳房地产发展报告．北京：中国大地出版社，2005, p239

借鉴前文所述的发达国家和发展中国家住房供应体系的经验，可以粗略构想我国城市住房供应体系应该由以下三部分组成：一、商品住宅，其中包括住宅合作形式的组织建房。这部分住房供应由相对自由并且成熟的房地产市场运作提供，面向社会中高收入水平群体。二、公共住宅，由中央或者地方政府投资或融资，大规模建造的面向中低收入群体出租或者出售的住宅。这部分住房具有强烈的社会保障和福利色彩。三、"非正式住宅"，这里指的是城市收入底层居民的聚居地，如城市边缘的"城中村"等，政府予以适当整治和加强管理，作为"城市移民"向"城市居民"转变的过渡居住地。

三、城市交通的发展与住宅

工业革命一开始并没有对城市发展影响太大。约在1830年以后，第一台由蒸气机驱动的铁路出现使工业布局摆脱了地区的制约，从而引发了新的工业城镇的迅速发展。汽车交通，尤其是小汽车的出现，极大地影响了20世纪城市的形态，由于其便捷、自由的形式成为现代人生活方式的重要方面。小汽车的发展在绝大多数国家很快超过了铁路、轻轨、电车等，成为主要的交通工具。二次大战以来，在小汽车的带动下，美国城市人口迅速向郊区迁移，到1970年，城市郊区人口已分别超过了中心城市和乡村人口，从而使美国成为世界第一个郊区化的国家。交通的发展改善了用地的可达性，在多数情况下降低了城市中心与边缘及外围的地价比，也就是中心区地价会下降，外围上升。当然也有的城市，中心区在外围交通条件改善的情况下相对地价一直升高，郊区化就是最明显的例子。

四、环境压力对住宅的影响

1972年《增长的极限》(The Limits To Growth)人类困境报告指出：由于空间是有限的，资源是有限的，地球消化吸纳污染的能力也是有限的，而人口增长、粮食消费、投资增长、环境污染、资源消耗具有几何级数增长的性质，经济增长在今后100年内将达到极限。这个论点虽然过于悲观，但向人类敲响了警钟：经济增长必须与资源环境和社会发展相协调，并且对新的发展理论形成产生了深刻的影响。

近年来，我国住宅建设有了很大的发展，城镇人均住宅建筑面积由1995年的16.2m^{2}发展到2001年的25m^2。北京、上海等大城市及东南沿海地区的住宅产业发展更为迅猛。然而，我国是一个资源十分稀缺的国家，人均资源更

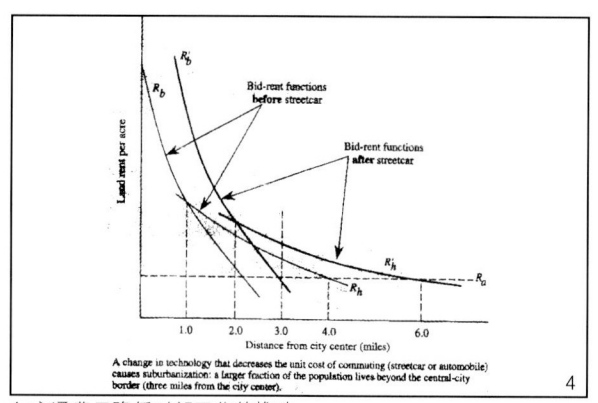

4.交通费用降低对郊区化的推动

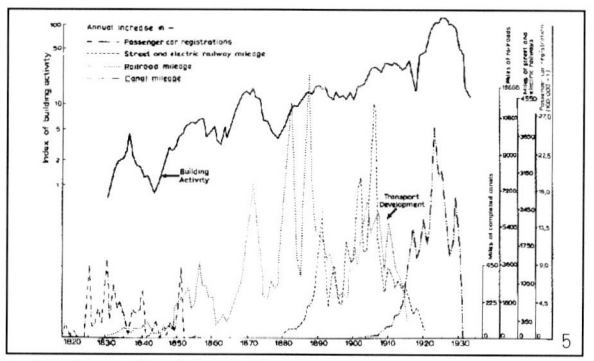

5.交通发展与房地产发展波动

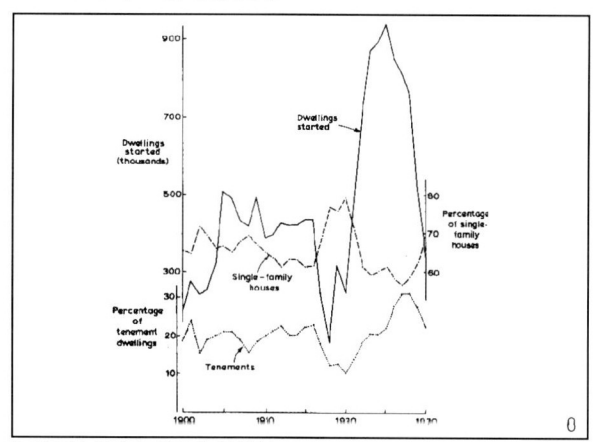

6.美国小住宅与郊区化的发展

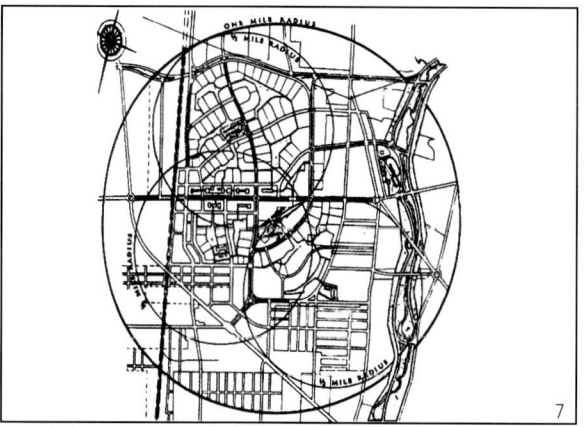

7.小汽车对居住环境布局的影响

加稀缺，自然资源约占世界平均值的1/2，经济和住宅产业的发展面临着严峻的资源瓶颈。根据国土资源部的最新统计显示，我国的人均耕地1.43亩不及世界人均的40%，2003年全国耕地减少3806.1亩，建设占用耕地343.7万亩，同比增长17%，我国耕地面积由1996年的19.51亿亩下降到2003年的18.51亿亩，7年中平均每年减少耕地1400多万亩。据统计改革开放后，城市化水平从1978年的18%左右上升到2003年的41%，城市中增加了3亿人口，城市已经用了1亿亩耕地，未来到2020年如果城市化水平达到60%，还需要转移2.5亿农业人口，至少还需要1亿耕地。目前，我国的住宅产业发展还没有脱离高能耗粗放发展的老路。所以以中国目前的国情，控制住房需求，推行住房的理性消费（这里指的是住宅用地及面积标准等）势在必行。

从宏观上来看，紧凑城市（compact city）的理论适合中国资紧缺的现状。紧凑型城市的核心是：充分利用城市存量空间，减少盲目扩张，加强对现有社区的重建，重新开发废弃、污染工业用地以节约基础设施和公共服务成本，保护空地；土地功能混合，城市建设相对集中密集，生活和就业单元临近，距离缩短，减少使用汽车；提供多样化的交通选择方式，优先发展公共交通，鼓励自行车、步行。在总体规划和居住区规划运用紧凑城市理论，城市将会丰富多样并且高效。从微观上来看，在住宅建筑设计中的绿色生态理念亦必不可少。探索适合中国国情的绿色住宅建筑的"适宜技术"，通过节能技术的实现的新材料达到再利用与零排放的目标，让绿色住宅建筑形成自然生态循环系统的一个有机组成部分。

参考文献

[1] (英)艾瑞克·霍布斯鲍姆著，张晓华等译. 资本的年代. 南京：江苏人民出版社，1999

[2] Kwang-Joong Kim, ed. 20th Century growth & change of the last 100 years. Seoul: Seoul Development Institute.

[3] Joel Schwartz, ed. by Philip C. Dolce. "Evolution of the Suburbs", in Suburbia: The American Dream and Dilemm. New York: Anchor Press, 1976, p.1~5

[4] J.W.R. Whitehand. The Changing Face of Cities. Oxford, UK: B. Blackwell, 1987

[5] Patricl Dunleavy. The Politics of Mass Housing in Britian, 1945~1975—a study of corporate power and professional influence in the welfare state. Clarendon Press, Oxford, 1981

注释

1. (英)保罗·贝尔琴等著. 全球视角中的城市经济. 长春：吉林人民出版社，2001，p117

2. Andew Golland. System of Housing Supply and Housing Production in Europe: a comparison of the UK, the Netherlands and Germany. Ashgate, Aldershot, Brookfield USA, 1998

3. 同注释1

4. Kwang-Joong Kim, ed. 20th Century—growth & change of the last 100 years. Seoul: Seoul Development Institute, p4

5. 从基尼系数来看，改革开放以前，中国城镇居民家庭人均收入的基尼系数为一直在0.1与0.2之间，1994年基尼系数为0.37，目前基尼系数已达到0.45。可见近年来，中国的贫富差距都有了大幅度的上升，这已经超过了国际上通常认为的基尼系数在0.3~0.4之间的中等贫富差距程度。从恩格尔系数来看，1978年中国城市居民的恩格尔系数为57.5%，1992年为52.9%，2002年为37.7。中国居民的恩格尔系数仍然偏高，说明中国的贫困阶层较大。现阶段中国城市居民家庭收入分层，约有60%的家庭居于下层和中下层水平上，中等收入层明显缺少，仍然是一种金字塔形结构。

6. 李强著. 中国社会分层：中国社会分层结构的新变化. 北京：社会科学文献出版社，2004，p22

7. 1998年我国城市新开工住宅面积总量中，廉租房和经济适用房比例占22%左右，到2005年已经降至6%；数据来源，2006中国统计年鉴

8. 2000年"五普"资料显示，中国迁移人口达14439万，占全国总人口的11.6%，标志着我国移民时期的到来。

作者单位：清华大学建筑学院

人人有房住
——成都公共住房保障体系全接触
Housing for Everyone
Social Housing System of Chengdu

《住区》 Community Design

成都,一座有悠久历史文化的城市,不仅自然风光秀美,而且人文氛围浓厚,其休闲的生活方式,折射出城市的宜居环境和勃发的经济活力。2007年6月,成都被国家批准为"统筹城乡综合配套改革试验区",这是成都千载难逢的发展黄金期和战略机遇期,成都的房地产业也面临新的起点。对不断升高的房价,百姓再次把关注的焦点放在了住房问题上。在住房保障方面成都有哪些政策?是否建立了比较完善的体制?带着这些问题,8月中旬,《住区》前往成都,采访了成都市住房委员会办公室相关人员(以下简称住委办)。

《住区》:成都是一个安居乐业的休闲城市,每个收入层次的人对安居的定义都不同,政府如何界定成都低收入群体?其住房标准又如何?

住委办:成都是国内最早实施廉租住房保障的城市之一。成都经过十几年的工作积累,把握中国住房政策,解决老百姓实际问题,提出了"引导高端,调控中端,保障低端"的住房市场管理原则。

对于社会保障住宅的落实问题,首先涉及标准的界定,一是低收入群体的界定,二是面积指标的界定。

在成都,最低收入线为市民政部门确定的最低生活保障线,即家庭年收入线在8000元以下;低收入线为家庭年收入在22000元;中等偏低收入线为家庭年收入在40000元。纳入公共住房保障的最低收入、低收入家庭及中等偏低收入家庭原由住房人均面积控制标准为16m²。

《住区》:关于最低收入者的廉租房制度,成都主要采取租金补贴的方式还是实物配租的方式?

住委办:成都在社会住房保障政策的完善和落实方面,进行了大量的探索。对最低收入家庭住房保障的实践中,结合客观实情,分析与调整利弊得失,在全国范围内率先提出了发放租金补贴的模式,后逐步形成了以发放租金补贴为主,实物配租和租金核减为辅的模式。

成都2006年8月1日开始廉租住房由最低收入家庭扩展到低收入家庭,做到"应保尽保"。补贴标准:2006年由4.5元/m²提升为6元/m²。2007年6月1日后由6元/m²再次提升到12元/m²。

实行租金补贴的最低收入、低收入家庭,其承租住房的面积控制标准为16m²(含16m²)以上,24m²(含24m²)以下。

按租赁面积分层次补贴,个人承受能力强,面积大,补贴少;承受能力弱,面积小,补贴多;16~19m²/人,月补贴9元/m²;19~22m²/人,月补贴8元/m²;22~24m²/人,月补贴7元/m²。

随着住房保障制度的深化，有特殊的困难户，社会的弱势群体，如残疾、年老体弱、优抚对象等特殊困难户，今年成都重新启动实物配租，20套房作为尝试。

《住区》：在2005年成都的经济适用房有很高的空置率，"热"建遭"冷"遇的原因何在？成都在经济适用房方面作了哪些政策探讨？

住委办：我们从中可以看到：1.成都基本住房需求突出矛盾得到了解决；2.成都市民消费观念以及需求都比较理性。选择适合自己工作、生活的住房。

而另一方面我们看到：价格、位置和户型三大原因制约了经济适用房的消费。房价居高难下，买得起的不符合条件，符合条件的买不起；选址定点不完全符合购房者的购买意愿和心理需求；户型偏大、总价较高。

针对出现的情况，我们在经济适用房政策上进行了调整。不断丰富了经济适用房分类供应体系，力求实现供应方式的多元化和分配方式的多样化。

1998年国务院23号文，经济适用房只用于出售，当时解决住房以买卖房为主。其实在房价上涨时期，只重出售，并不解决住房问题。

在成都首先提出了"出售型经济适用房"和"租赁型经济适用房"两种类型，后者供暂无购买实力的住房困难家庭租住，租金标准比市场租金下浮10%。租赁经济适用房家庭在租满两年之后，可按届时的经济适用房价格优先购买租住房屋。

为避免经济适用房规划建设的盲目性，改变过去供需脱节的问题，成都市于2006年提出了经济适用房根据"按照标准，提前登记，按需建设，保证供应"的原则组织建设，即申购者先进行需求预登记，市房管部门根据符合条件的申购者的具体要求来规划建设，确保房源地有效供应。

在经济适用房面积方面也作了详尽的规定：经济适用房建设标准严格控制在中、小套型，原则上非电梯住宅面积不超过90m²，电梯住宅不超过100m²。购买面积也进行了限定：购买非电梯公寓，二人户58m²；三人户72m²；四人户及以上90m²。购买电梯公寓增加10m²限购面积。超出限购面积的部分，不得享受政府优惠。

《住区》：在社会保障住宅的政策中，成都有很多创新型的探索：如成都还实行了"限价商品住房"，针对"夹心层"家庭以及外来务工人员家庭，能否介绍一下？

住委办：为贯彻落实宏观调控政策，做好房价稳定工作，解决具有一定经济条件但又无力购买普通商品房家庭的住房需求，从2006年底成都市开始建设部分限价商品住房。限价房供应对象为家庭住房面积在72m²以下的家庭或本市35岁以下的单身无房户或夫妇双方缴交社保两年以上的外来务工家庭。

推出限价商品房，我们的目前非常明确：1、它是为了解决目前市场存在的住房供应结构突出性矛盾，因此限价商品住房均是中、小套性；2、它是以解决市民基本住房需求为目的，因此，规定购房者必须是住房困难户或无房户，并且所购限价商品住房在自住的五年内不得流通。

《住区》：限价商品房性质是商品房，解决的是市场供应问题，而且是解决市民基本住房需求的供应，为什么还要实行限价？如何限价？

住委办：在市场经济条件下，价格是供给和需求相互作用的结果，是市场竞争的重要信息，生产者和消费者就是根据价格信息调整各自的行为的。因此说，价格机制能够提高社会资源的分配效率。但是，我们今天正面临的是因供应结构不合理，供需关系矛盾突出，而出现价格大幅升高的情况，政府针对住房这一关系社会稳定的特殊商品，当然应有所作为，采取措施保证市场供应，同时又不能让解决基本需求的购房者，承担因市场供应严重不足而导致的价格升高的后果，所以提出住房适当限价应是必要的。

成都市限价原则采取："参照我市上年度同区域同类住房的房价，并低于售房当期全国房价的平均涨幅"。它既不同于住房保障中经济适用住房定价原则，又避免过度人为扭曲市场的价格机制而导致对长期市场秩序产生负面的影响。

《住区》：在成都我们看到：除了廉租房、经济适用房以及商品房三大住房类型外，还有"租赁性经济适用房"以及"限价商品房"，扩大了政策覆盖面，解决了住

房困难"夹心层"问题。

住委办： 成都市"住保体系"所提供的多种形式住房保障制度是以其保障对象相互交叉为主要特点的。过去城市住房供应体系是由廉租房、经济适用房和商品房三大住房类型构建起来的，每类住房服务对象之间是"刚性断裂"没有交合之处，产生了既买不起经济适用房又不能享受廉租房制度、既无力购买商品房又不符合经济适用房购买条件的"夹心层"群体。

为解决这个问题，成都市在"住保体系"的多种住房供应模式之间设定了"重叠边界"，使其各自服务对象相互交叉，以实现其"无缝覆盖"。成都将廉租房制度保障对象从低保家庭扩大到年收入2.2万元以下的住房困难家庭，使该群体既成为廉租房保障对象，又符合经济适用房保障对象的双重政策覆盖群体，他们可以根据自身经济条件，或申请廉租房保障，或申购经济适用房；将经济适用房制度保障对象从年收入3.8万元扩大到4万元以下住房困难家庭，并在经济适用房与商品房之间，另外设置了限价商品房制度，以解决无力购买商品房又不能申请经济适用房的住房困难家庭。

《住区》： 关于住房保障工作，涉及到政策和财政的问题，成都政府如何保障公共住房专项资金的到位？

住委办： 成都的公共住房制度实施方案，第一次明确地规定了公共住房制度专项资金的筹集和管理。它由五个部分组成，1.政府住房基金安排；2.政府土地出让按净收益的10%比例划转；3.市住房保障机构通过营运产生的收益；4.市本级和五城区财政预算安排；5.接受社会捐赠等其他资金。

2006年，成都市仅中心城全年公共住房资金用语租金补贴一项就从1000余万元提高到1.2亿元。2007年，政府研究，根据全年住房保障的实际需要，计划公共住房专项资金进一步提高到2亿元。最大限度地满足向符合条件家庭提供有效的住房保障。

《住区》： 为确保"公共住房"资源合理配置，"住保政策"的"准入"、"退出"机制实施情况如何？

住委办： 完善的"准入"、"退出"机制，是成都市"住保体系"的特点，是确保"住保政策"落实到应保家庭、遏制利用"住保政策"投资或投机现象的重要手段，更是保证"公共住房"资源公平合理配置的关键。

成都市已经建立起市、区、街道三级联动审查的准入制度。通过收入、住房情况初审、公示、复核等手段层层把关，实现审核全过程的公平、公开、公正。同时，对享受住房保障家庭逐户建立收入、住房和家庭常住人口状况的动态档案，实行定期复核，对住房和收入状况发生变化的，及时调整其所享受的公共住房保障，不断完善"退出机制"。

根据成都市日前制定《住房回购、收购储备工作实施方案（试行）》，成都市政府还将通过住房储备中心以计价回购、收购住房保障家庭的原自有住房，以解决其购买政策性住房的首付款问题，通过政府的帮助，使其尽快实现解决住房困难的目的。

《住区》： 显然，在成都由于"住保政策"如此早的起步，不仅积累了相应而丰富的实践经验，而且亦牢牢把握住了住房保障的"先机"，减轻与避开了因房价快速上升而逐步加大的难度及风险，从而为住房保障事业的发展奠定了较为雄厚与丰富的物质及精神基础。

2007年7月3日，中国消费者协会发布12城市商品房消费者满意度调查报告，12城市包括北京、天津、上海、重庆、大连、青岛、厦门、深圳、杭州、武汉、成都和西安。在房地产行业整体诚信状况的满意度指数，消费者对现住房屋总体满意度指数，两项重要指标上，成都得分最高。

愿成都这座"东方伊甸园"成为"宜居之城，幸福之都"！

天津中低收入家庭住房保障政策实施探讨
Mid-and Low-Income Households Housing Security Policy in Tianjin

王 玮 Wang Wei

[摘要]文章介绍了天津市住房保障政策的实施情况,分廉租房制度、经济适用房制度,并创新地实施了经济租赁房,指出在推进住房保障工作需要解决的问题。

[关键词]天津、住房保障、实施

Abstract: The article introduces the housing security system in Tianjin-besides the low-rent housing and the economical housing, Tianjin has innovated its economical rental housing. Then, the article focuses on the of problems to be solved along the path.

Keywords: Tianjin, housing security, implementation

一、住房保障制度建设现状

我国现行的住房保障制度一般包含两方面内容,面对最低收入住房困难家庭的廉租房政策和面对中低收入住房困难家庭的经济适用房政策。2007年2月建设部公布的数据显示:截至2006年底,全国657个城市中,有512个城市建立了廉租房制度,占城市总数的77.9%,还有145个城市尚未建立廉租房制度。发展经济适用住房是我国为保障中低收入家庭住房而制定的主要政策。近几年,我国经济适用房制度不断规范和完善,一方面明确了经济适用住房以城镇低收入家庭为供应对象,另一方面其准入和退出机制也不断完善。来自建设部的最新统计表明,截止到2006年底,我国经济适用房竣工面积累计超过13亿m²,实现了约1650万户中低收入家庭的安居梦想。下面以天津市为例,对住房保障制度建设作一系统阐述和分析。

(一)廉租房制度

天津市廉租房制度业已全面建立,实物配租、租房补贴和租金核减政策先后实施,廉租房资金渠道稳定,受益家庭逐年增加。

1.集中建设廉租房

天津市自2003年底开始集中建设廉租房,共4个项目、48万m²、7282套。廉租房建设共需资金13.26亿元,在享受市政府给予土地划拨、免交市政基础设施大配套费等政策优惠基础上,需投入建设资金10.93亿元,主要来源于市、区财政补贴和住房公积金增值资金中的"廉租住房补充建设资金"。廉租房严格控制户型和单套住房面积,在建设中坚持"质量标准、配套水平、使用功能、居住环境标准"不降低。2005年9月10日,瑞景居住区廉租房项目荣获了当年詹天佑土木工程大奖和优秀住宅小区金奖。

自2004年7月1日开始至今,天津市已向2005户住房拆迁、人均住房使用面积低于7.5m²的"低保"和优抚家庭配租了廉租房。廉租房租金标准为每平方米使用面积1元,物业管理费为每平方米建筑面积0.35元。小区的租金和物业管理费收缴率达95%以上,居住秩序良好。

2.租房补贴惠及非拆迁家庭

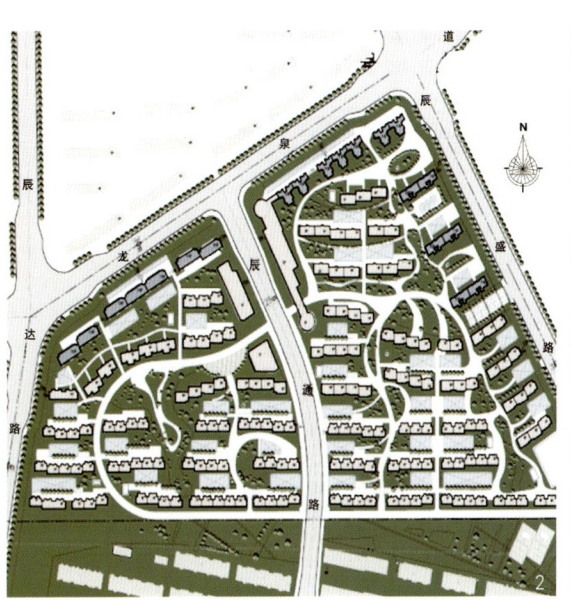

1. 瑞贤园实景
2. 瑞贤园总平图
3. 瑞贤园户型图

廉租房解决了拆迁"双困"家庭的住房问题，但是，仍有一部分没有拆迁的最低收入家庭无力解决自身的住房困难。为改善非拆迁户中最低收入住房困难家庭的居住条件，2006年1月1日，天津市开始实施最低收入住房困难家庭租房补贴政策，向全市18个区县城镇范围内"低保"和优抚对象中人均住房使用面积在7.5(含)m²以下的家庭发放租房补贴，截至2007年7月底，全市享受租房补贴的已有2496户。租房补贴资金年预算为5000万元，来源于市、区(县)财政和住房公积金增值资金中的"城市廉租住房补充建设资金"，可以满足向1万户符合条件家庭发放租房补贴的需求。

在政策实施过程中，管理部门积极拓宽思路，不断扩大租房补贴的覆盖范围。2006年5月1日，将市级以上劳模中的住房困难家庭纳入了租房补贴范围；2007年4月1日起，又将持有《特困救助卡》的住房困难家庭纳入了保障范围。同时，租房补贴标准同步提高了20%，由每月20元/m²提高到每月24元/m²，每户家庭月最低租房补贴额由300元提高到360元，使这部分家庭能够更好地改善居住条件。

3.公房租金核减纳入廉租房管理

自1997年以来对承租公房的"低保"和优抚家庭实行公房租金核减，租金标准按每平方米使用面积0.83元收取。2003年底，在全市完成了享受公房租金核减"低保"和优抚对象的登记、建档工作，将这部分公房纳入廉租房管理。目前，全市享受公房租金核减的家庭共有2.37万户，涉及公有住房70万m²，年核减租金684万元，累计达2995万元。

(二)经济适用房规范发展

经济适用房已立项43个项目、370万m²、4.42万套住房，目前已开工建设39个项目、325万m²、3.82万套住房，已销售237万m²、2.89万套。为更好地满足拆迁群众对定向销售经济适用房的需求，适应城市建设的步伐，计划年底前还要推出7个项目、78万m²、1.2万套住房。

天津市对经济适用房申请、审核、销售、权属登记等环节实行严格监管。一是严把购买资格审核关。申请购买经济适用房的家庭，需提供收入和住房情况证明，经申请、初审、复核、公示无异议后方可领取《购房证明》。二是加强对销售单位的管理。要求销售单位查验《购房证明》，对购买人与《购房证明》不一致的不得出售。三是严格控制销售价格。项目招标时已明确平均销售价格和最高限价，每套住房销售价格一经公布不得变动。同时，向社会公布经济适用房房源和销售价格等信息，管理部门通过网上销售系统对销售过程进行监控，增强了销售透明度。

(三)经济租赁房实现创新

廉租房和经济适用房政策分别解决了最低收入家庭和中低收入家庭的住房困难，但是，对于介于上述两种群体之间的低收入群体也就是所谓的"夹心层",在住房保障上就出现了真空。为了解决这部分低收入家庭的住房过渡性安置问题,2004年底,天津市推出了在国内具有创新意义的经济租赁房。

经济租赁房有实物配租和租金补贴两种形式,实物配租是由符合经济租赁房申请条件的家庭租赁政府提供的住房,个人负担市场租金标准的50%,另50%由政府补贴；租金补贴是由符合条件的家庭到住房市场租赁住房,在签定房屋租赁合同、办理租赁登记备案后,由管理部门按单人家庭月补贴250元,三人(含)以下家庭375元,三人以上家庭500元的标准发放租金补贴。补贴资金来源为住房公积金增值收益中提取的每年5000万元"城市廉租住房补充资金"。目前,已有2118户符合条件的低收入家庭配租了经济租赁房,有1842户享受了经济租赁房租金补贴。

天津市已经初步形成了层次分明、构架清晰的住房保障体系,五条保障线互相衔接,互为补充,对最低收入、低收入、中低收入群体中的住房困难家庭实施了较为完备的住房保障。

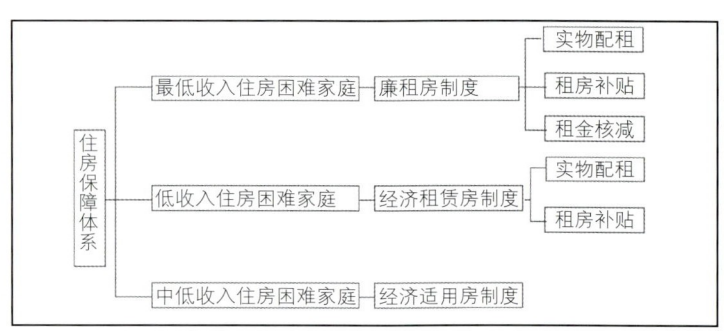

二、主要做法和工作经验

纵观全国各大城市的住房保障制度建设情况和实施效果,天津市的住房保障制度较为完善,覆盖面广,监管有力,受益家庭总数超过6.1万户,收效良好。我们总结其主要有以下几点做法。

(一)完善了住房保障制度

1. 形成了较完备的住房保障体系。天津市已初步形成了分层保障、政策透明、多方配合、齐抓共管的管理机制,随着住房保障工作深入展开,对住房实物配租、租金收缴管理、补贴发放、经济适用房销售、统计制度、动态管理、退出机制、责任追究等进行了规范,住房保障制度进一步完善。

2. 制订了住房保障规划。在天津市住房建设"十一五"规划中明确了"十一五"期间,要确立以公共财政预算资金为主,稳定、规范的住房保障资金来源,本着逐步改善、量力而行的原则,实现将全市城镇人均住房使用面积低于10m²的最低收入家庭纳入住房保障范围,受益家庭超过20万户。

3. 确定了资金来源渠道。保障性住房的资金来源以公共财政资金和住房公积金增值收益为主,资金落实情况良好,保证了建设、配租和发贴的需求得到充分满足。住房保障资金实行专户管理,做到了专款专用。

(二)做好基础建设工作

为建立起有序、规范、高效、透明的住房保障管理机制,天津市加强住房保障基础工作,不断提升规范化管理水平。一是建立了市、区两级住房保障管理机构,配备了专职人员,各街道办事处均设有负责廉租房申请受理的窗口。对保障性住房的申请、审核、配租、发贴等实行逐级审核,层层负责；二是建立了台账管理和统计月报制度,将房源使用、租金收缴、租房补贴发放等登记建账；三是重视档案管理,形成制度,建立了廉租房、经济租赁房、经济适用房档案管理系统,市、区(县)两级相应建立了最低收入家庭住房档案；四是加强政策宣传,开通政策咨询电话,编制了住房保障文件资料汇编和工作手册,综合运用新闻媒体和信息网络宣传住房保障政策；五是建立了住房保障工作年度考核机制,对住房保障管理部门实施工作考评。

4. 丽苑总平面
5. 丽苑-彩丽苑户型图
6. 丽苑-彩丽苑实景
7. 联建里实景
8. 金堂家园实景

三、推进住房保障工作需解决的两个问题

(一)准确衡量中低收入家庭经济状况

住房保障制度是为了解决中低收入家庭住房问题而建立的,这里就涉及到中低收入家庭的家庭收入衡量问题。从理论上说,家庭总收入应包括家庭总资产和现期收入两部分。

但是,从实践来看,由于目前我国尚未建立个人收入申报制度,缺少对家庭收入核定的有效手段,政府难以准确核实家庭的真实收入,从而使得虚报、瞒报家庭收入,采取欺诈手段获取保障性住房赢利的行为有了可乘之机。但是,我们还是应该创造条件,尽快建立个人收入申报制度并将其与已实行的个人存款实名制相联系,准确掌握家庭收入情况,建立家庭收入档案,严格审查、登记,并实行动态管理,切实保障中低收入家庭的利益,避免社会保障资源流失,实现社会公平。

(二)科学确定保障性住房建设规模

保障性住房不适宜采取集中大规模建设的方式,而应小规模新建,多种方式筹集房源。大规模的保障性住房集中布局,首先使城市内部形成明显的贫富分区,如果政府不能及时加以疏导和改造,则极易形成大量低收入家庭聚集的贫民窟,成为社会发展中的痼疾。其次会带来大量的社会问题,如就业难、子女教育难、治安差等,不利于低收入家庭尽快改善收入状况,提高生活水平。第三,不利于政府进行管理。人们的行为是强烈受到环境影响的,大量低收入家庭聚集容易使不良行为得以孳生蔓延,这一点可以由社会学中著名的"破窗户理论"加以论证。社区风气的不断降低,给政府管理增加了难度,也有悖于住房保障政策施行的初衷。因此,保障性住房应以分散的小规模建设为主,在经济适用住房以及普通商品住房小区中配建,与普通居民住宅区混合布局,同时可采取政府收购、改建以及鼓励社会捐赠等方式筹措保障房源。

作者单位:天津市国土资源与房屋管理局

谈经济适用房规划中的人文关怀
——以天津瑞景居住区瑞秀小区为例

Human Concerns in Economical Housing
Ruixiu Residental District in Tianjin

胡志良 白惠艳 高相铎 Hu Zhiliang, Bai Huiyan and Gao Xiangduo

[摘要]在我国城市快速发展过程中，不同利益群体之间的城市社会问题日益突显，通过规划关注这些城市问题是规划参与和谐社会构建的重要途径。本文以天津瑞景居住区瑞秀小区规划为例，介绍了其在空间布局、环境景观、建筑单体、施工技术、科技创新等方面以和谐社会的理念对低收入群体的人文关怀。

[关键词]经济适用房、规划、人文关怀

Abstract: During the rapid urban development, social questions emerged among the different interest groups. Planning is an important method to coordinate these interests and a major tool to construct a harmonious society. The article cites Ruixiu Residental District as an example, introduces the human concerns in its spatial arrangement, landscape scheme, building design and construction technology.

Keywords: economic housing, planning, human concern

目前，我国社会正处于由同质单一的伦理社会向异质多样的法理社会过渡的转型时期，呈现出利益群体多元化、利益差距扩大化、利益冲突明显化的态势，构建和谐社会，成为时代发展的主题[1]。与此同时，规划师的价值目标也由维护政府利益和社会平等向维护社会公共利益和社会公平公正转变[2]。因此，当两者结合在一起时，规划师不应忽视任何一个影响和谐的因素，尤其在经济适用房规划中，给与低收入群体以人文关怀，是规划师和规划领域创建和谐社会的主要体现之一。

天津瑞景居住区瑞秀小区规划因其在空间布局、环境景观、建筑单体、施工技术、科技创新等方面均考虑到低收入群体的实际需求，以服务于民、让利于民、节约型设计的理念，体现了和谐社会背景下对低收入群体的人文关怀。

一、了解——瑞秀小区规划背景

构建和谐社会是党中央关于我国社会经济发展的一项重大战略决策。其根本在于提高人民生活品质，改善居住环境，加强人们的舒适感、安全感。关注低收入群体是贯彻科学发展观，坚持以人为本，从百姓的民生大计出发，构建和谐社会的重要体现。为了解决低收入者住房紧张的问题，国家施行了经济适用住房建设的重要举措，向中低收入家庭提供住房保障。天津市也于2000年掀起了以华苑居住区、丽苑居住区、梅江居住区、瑞景居住区等成片居住区建设为代表的城市建设高潮，在这一过程中，天津市政府于2002年确定了三个经济适用房小区。瑞景居住区瑞秀小区在此背景下开始规划建设。

二、认识——瑞秀小区及项目概况

瑞景居住区瑞秀小区是天津市政府首批确定的经济适用房小区，是针对低收入群体的半市场化方式的保障制度。由于低收入群体无力购买住房，政府通过减免土地出让金或提供土地补贴、减免税费等方式建设经济适用房来保障他们的住房需求。

瑞秀小区位于天津市西北部瑞景居住区，东侧沿三号路为地铁一号线，并在居住区内设两个中途站。西侧环绕中心城区的外环线，快速环线从东南侧通过，交通便利。

三、出发——瑞秀小区规划原则

1. 追求社会和谐，寻求三效益优化

关注低收入群体的日常生活特征，考虑他们的切身利益和实际困难，保障社区配套设施齐全，空间布局开放，体现公平与公正的社会平等地位，从而以增强社会效益为目的，以改善环境效益和经济效益为保证，努力实现三个效益的优化统一。

2. 融合简约理念，实现规划务实化

在保证住宅功能舒适度的前提下，坚持开发与节约并举。在规划、设计、建造、使用、维护全寿命过程中减少能源、土地、水和材料等资源的消耗，实现资源节约和循环利用的住宅，创造简约而不简单的现实效果。

3. 体现科技创新，确保规划合理化

采用先进、经济、成熟的新材料、新技术和新能源，在成本的基础上实现高标准、高水平。做到面积不大，功能全；造价不高，质量高。创造一个实用，舒适，方便的居住环境，实现合理化的规划效果。

四、创意——瑞秀小区规划构思

1. 确定适宜的社区规模，节约居民生活成本

从北京回龙观和天通苑等超大社区的经济适用房规划建设来看，因项目规模过大，造成功能单一，居住规划与产业布局规划等脱节，公共设施配套水平不高，居住环境、对外交通状况等难以改善，居民生活成本增加等。在解决了数十万群众的居住问题的同时，也使这里居民的出行难、购物难十分典型。

瑞景居住区瑞秀小区在规划时借鉴其他城市经济适用房建设的经验教训，注重了"省地"的理念，规划总占地面积12.09hm²，建筑规模13.20万m²，属住宅小区级规模，同时将规划的重点转移到可居住性和吸引力的形成，因为对于低收入群体，他们在日常出行中自行解决交通的能力非常差，规划中便利的交通条件和完善的配套设施是应重点考虑的。瑞景居住区瑞秀小区规划按标准配置小区各类配套设施，小区内除了设置了地铁一号线的两个中途站之外，在小区西北侧约500m处，规划一所小学，东北测沿二号路规划一所中学、运动城、居住区级公建中心、家乐超市，满足了整个居住区的公建配套需求。施工一次到位，稳定居民心态，增强幸福感，创建了和谐的治安良好的生活氛围。

2. 强调集约的土地利用，减少建设费用

土地作为城市的第一资源，正面临越来越紧张的局面，数百万平方米的经济适用房建设，如果对土地没有一个合理的规划，分配，将是一个巨大的浪费。

瑞景居住区瑞秀小区结合现状用地条件及整体空间布局，规划以多层住宅为主，在用地东北侧布置了6栋11层住宅，这样既提高了容积率，又增加了居民交流空间，提高了居住环境质量。高层住宅公摊面积大，老百姓难接受，为解决这个问题，政府可制定政策，对公摊面积计算、售价进行干预，让利于民，同时加大对物业的监管，尤其是电梯运行的保障，打消百姓的疑虑。住宅布置上以南北向为主，其他均在南偏东25°以内，在保障了良好的日照、采光、通风的基本需求上提高了土地利用率。紧凑而不失韵律的多种住宅建筑组合，创造出一种富于特色、令人愉悦生活氛围。

3. 构建开放的空间结构，增强居民交流融通

低收入群体所需求的并不是目前房地产界流行的封闭式社区，封闭社区有效隔离了城市的商业符号，使得居民变得纯粹与安静。但由于需要靠群体联系获得价值和人生快乐的低收入群体，隔断他们和城市的联系，无疑是隔断他们获得快感的路，他们需要的环境是开放而不是封闭，是交流而不是在书屋里自我生产，是在群体内产生一个"生产——消费——生产"内循环，社区内的商业配套主要靠他们来养活，而社区商业配套又为他们产生就业机会。

瑞景居住区瑞秀小区以一条折尺型小区主干路为主轴将小区分为南北两区共三个组团。折尺型小区主干路作为和城市联系的主要开放空间，东侧主入口处的集中公共绿地与南北两条林荫步道共同构成小区内部居民交流体系，公共配套、社区茶馆、杂货店、体育设施等作为公共活动的内容布置其中，增强公共空间的吸引力。通过人们的相互交往，构成了富于生气的社区生活。

4. 提供可达的绿地系统，开阔居民绿化视野

按规范要求，小区应布置一处不小于4000m²的小游园、每个组团设置不小于400m²的组团绿地。瑞景居住区瑞秀小区在有限的土地上难以满足规范要求，因此，在规划中利用宅间距，适当拉大距离，采用带型绿化由中心绿地呈放射状渗入组团，建筑布局呈现变化有序的多种组合，形成的绿化空间相互串联，增加了视觉空间的延伸，使得居民在家门口就可感受到开阔的绿化视野。

5. 创造实用的户型设计，增强居住的舒适度

从心理学角度出发，低收入群体对建筑空间的需求消费行为主要体现在"实用主义"。"实用"一词在低收入者的内涵界定为：低成本，满足基本需求即可。即一家人都能在这个空间睡觉、吃饭、上厕所、谈话即可。

瑞景居住区瑞秀小区户型标准一室一厅45m²左右，二室一厅65m²左右。从设计上强调标准化以适应不同个性人群、不同家庭结构及长远发展的需求，小户型做了可调的灵活设计；部分房型的设计达到了厅、卧、厨、卫四明；为了满足低收入居民入住后的现实需要，所有户型都涉及了储藏间，方便住户存放物品；考虑无空调家庭的生活需求，设计中充分考虑房间的通风；住宅统一进行普通标准装修，门和灯具齐备以降低整体成本；电话、电视和宽带接入口预留。

6.塑造简约的单体立面，提升社区视觉效果

经济适用房建设在保证质量的前提下应尽量减少投资，尤其是立面的投入，经济适用房应有完全不同的建筑形象，经济而不低档，简洁但不粗糙。

瑞景居住区瑞秀小区高低错落的多层单体中，规整舒适的阳台空间配以大面积的落地窗给人们提供了实现的穿透感，满足了居住者的领域感和景观的人性化结合。浅黄及浅蓝灰的颜色搭配使建筑更显得高雅、宁静。临主要道路的板式、点式高层成为城市景观的重要组成部分。主墙体色调的交错排列使建筑原本庞大的体量分化并产成更为纤细的竖向节奏。

7.实施综合的施工管理，确保工程质量标准

为了保证施工质量并在工期紧、成本低的条件下，建设单位本着"优中优选"的原则，通过招投标方式选定施工单位和监理单位。

本工程所接触的页岩转施工，是一项较为新颖的施工工艺，施工单位对参与该项工艺的人员进行了多角度、多层次的培训，制定出一套较为先进的页岩转施工工艺，直接指导本工程施工，由原来的8天一层缩短到6天一层，施工质量也得到很大的跨越。

施工单位为提高施工队伍的技术水平和质量意识，制定实施了"一培训，一检查，一会议"制度，及班前一培训，分部工程20天后一检查，然后召集全体管理人员以及施工负责人员质量会议。

主体施工在施工单位的质量管理体系的努力与紧密配合下，分阶段地，分工需地组织质量验收，保证了钢筋的绑扎质量；通过旁站监理确保了混凝土的浇筑质量。砖墙的砌筑都坚持"三检制"，使主体施工质量符合工程质量验收标准。

8.突出科技创新的运用，实现规划总体调控

发挥住宅产业化的引导和促进作用，社会保障住房采用先进、经济、成熟的新材料、新技术和新能源，力争在成本的基础上实现高标准、高水平。

（一）结构体系。高层采用框架结构，填充墙采用轻型砌块；多层结构形式为混合结构，墙体采用页岩烧结砖。

（二）节能。全部实行二部节能，外墙采用挂网聚板外保温，彩色喷涂墙面，采用中空双玻外檐窗。

（三）采暖。应用瑞景居住区集中供热，分户计量，屋内安装新型高效散热暖气片。

（四）节水。采用瑞景居住区内的重水循环系统进行中水处理和利用技术；选用节水型洁具，减少居民日常支出。

（五）智能化。小区内设有安防系统，信息系统。

五、结语

城市规划的目的是满足生活在这个城市里大多数人的需要而不只是社会精英！规划立场不应当站在社会少数人立场，只满足开发商的要求！而是要站在更广泛人群的立场去规划城市！只有社会关系和谐，才能建设和谐城市。因此，城市规划应注重公共利益和社会公平，更多地关注城市贫困群体的利益[3]。

注释

1. 张建荣. 和谐视角下规划师的执业价值中立. 城市规划, 2005, 29, 11: 86~88

2. 刘作丽，朱喜钢. 规划师的社会角色与道德底线 城市规划, 2005, 29, 57: 71~75

3. 徐海贤，肖烈桂. 深化城乡规划编制改革与构建和谐城市. 城市问题, 2005(6), 总第128期: 45~48

作者单位：天津市城市规划设计研究院

提升中低收入人群居住品质问题的探索
——以青岛浮山新区为例

An Investigation on the Housing Quality of Mid-and Low-Income Population Fushan Distrcit, Qingdao

刘艳莉 李 扬 *Liu Yanli and Li Yang*

[摘要]城市居住地域的两极分化现象日趋明显，提高中低收入人群聚居区的居住品质，构筑和谐、融洽的城市空间已经越来越引起政府、社会、公众的关注。本文以青岛浮山新区为例，对新区发展过程中出现的问题进行分析，阐析解决城市居住空间上的"阶层化"的对策，以促进城市社会经济健康发展。

[关键词]中低收入人群聚居区、浮山新区、混居

Abstract: *The polarization in urban housing quality is severe. Raising the living quality of the mid-and low-income population receives more and more attention of the government and the society. Citing Fushan District in Qingdao as an example, the article analyzes the questions emerged in the urban development and formulates counter-strategies to the housing stratification phenomenon.*

Keywords: *mid-and low-income housing district, Fushan District, mixed living*

城市住房特别是目前普遍存在的居住分化问题已成为热点议题。青岛的经济适用房始建于1998年，尤其是2003年以来，每年竣工面积在60万m^2以上，至今共竣工经济适用住房925万m^2，解决了10万余户中低收入家庭的住房困难。在解决居住有其屋的同时，提高中低收入人群聚居区居住品质，构筑和谐、融洽的城市空间，开始引起政府与社会的广泛重视。浮山新区从20世纪90年代中期开始，作为青岛城市重点工程异地搬迁安置和经济适用房建设的主要房源基地，到今天成为环境舒适和谐居住的社区，其发展过程，具有一定的代表性。

一、浮山新区基本概况及发展

1.浮山新区基本概况

浮山新区位于青岛市东北部，东依高科技工业园，西靠市北区，南近浮山森林公园，北接四方区。由于地处城乡结合部，1997年以前，在青岛人眼里，浮山后是一个贫瘠落后的"三不管"地区，到处是荒坡、乱石、野山冈，区域内土地贫瘠、利用率低、缺乏公共服务设施和市政基础设施，居住环境质量较差，是城市市政公用设施的盲区。区内散布着10个自然村落，居住人口1.1万，居住建筑约50万m^2（多为院落式砖木结构），区内居民生活水平和生活质量与毗邻的市区有相当大的差距。

2.初期开发情况

浮山新区最初是作为青岛市棚户区改造、东西快速路等市重点工程拆迁安置和经济适用房建设的主要房源基地，原规划面积3.2km^2，作为市重点工程，政府成立"浮

1. 新区一角

山后改造工程指挥部",先期投入资金,统一规划,统一开发建设。1997年6月份动工到2000年,相继完成了一、二期工程,110余万m²住宅和20余万m²配套公建,安置居民一万余户,使3万多人改善了居住条件。鉴于当时的规划和建设规模,建筑密度达到45%,绿地率不足25%,日照间距1:1.3,最突出的问题是新区居民的组成成分,主要由当地村民、拆迁安置居民及经济适用房购买者组成,中低收入者占了浮山新区居民的90%以上。

二、浮山新区开发建设过程中存在的问题

自1998年我国明确提出了停止住房实物分配,实行住房货币分配,建立商品房制度后,青岛同全国大部分城市一样,出现了住房市场化程度趋高,中低价位普通商品房供应结构性短缺,普通型自住住房需求得不到满足等系列问题。

(1)新区规划建设在当时较为落后的城市边缘,建设初期工程进度紧迫、资金短缺、缺少规划指导,住宅建筑、配套设施建设都按照较低的标准配建,建筑多以密集的排排坐式的多层住宅为主,在降低居住成本,满足中低收入者居住基本要求的同时,较低的生态质量和景观品质降低了该区域的舒适性,从而出现了被动的空间隔离。

(2)大量的回迁安置用房和经济适用房,使该地区的房价处于较低的水平,成为中低收入人群的聚居区,加剧了城市居住分化,使这部分中低收入者聚居地区出现设施缺乏和发展机会流失,按当地老百姓的说法就是"拆了棚户区,建成棚户楼",土地使用价值无法得到充分体现。

(3)过分强化居住功能,公共基础设施和服务设施不完善,缺少密集路网,交通出行不便。配套服务业及其他产业欠发达,餐饮、购物等配套服务业不愿入驻新区,出现了整个新区范围内没有一家服务周边居民的大型超市的尴尬境地。

(4)在一个混杂了当地村民、拆迁安置居民、中低收入人群的居住区,独立小区管理与半封闭小区物业管理的并存,原有的街道办事处很难实现城区和村庄相互交错的管理工作。

(5)中低收入者的聚居,当地村民、居民和困难家庭的就业问题在新区范围内无法消化,缺少就业岗位,产生大量闲散人员,形成社会问题。中低收入者的平均教育程度较低,住区内的教育品质又无力保障,使其新生代的教育水平较低,从而使其就业能力降低,失业加剧,构成贫困的积累循环。

三、对策与解决方法

在市场经济条件下,居住分化是一个不可避免的现象,过度的居住分化会给城市社会经济带来诸多不利影响。许多欧美城市已经用鲜明的事实说明,不能放任"贫民窟"似的贫困人群聚居问题。棚户区的改造回迁、重点项目的集中安置、经济适用房的建设,其出发点都是为广大的中低收入者改善居住环境,而非将其从单独的贫困居住环境中汇聚到一起,形成一个独立的新的贫民聚居地。

1. 完善规划体系,引导新区健康发展

2000年,政府决定把新区范围扩大,规划总用地13.50km²,规划居住人口25万,规划形成"一心、一环、两轴、两区和四片"的格局。形成完整的指导新区开发与建设的规划体系,对新区的地区角色有了全新的定位与提升。运用"区域成片开发"模式,采用"政府引导、市场运作"的城市建设措施。规划建筑密度控制在25%以内,绿地率达35%以上,住宅的日照间距多层是1:1.6,高层符合国家要求的日照时数。从总体布局和容纳能力来看,相当于在这里新建了一座20多万人口的中等城市,被人

2.3.4.新区环境

们誉为充满活力与魅力的新城区。2006年新区施工面积达440多万m²。几年来，浮山新区连续获得了"迪拜国际改善居住环境良好范例奖"、"山东省首届人居环境奖"、"中国居住创新典范"等众多奖项。

2. 采取多样化混居模式，避免城市居住分化

规划实施过程中，有效地调整居住人口的构成比例，改善新区的居住环境，陆续引进多家中高档住宅小区，在中低收入人群聚居区周边规划建设较高水准的楼盘，施行适度混居形式，强调多样化的人群结构、多样化的房屋设计，提高中低收入人群享受到的福利设施水平，避免出现城市居住分化带来的阶层间疏离与对立，土地使用价值随之提高。

3. 扩大新区配套公共规模，提升新区服务质量

政府通过加大基础设施建设和公共建筑的投入，增加绿色开敞空间，改善水、暖、气基础配套供应，引进优质教育医疗机构，改善和提高了中低收入阶层的生活质量。优化交通体系，提高交通可达性。利用新区人口密集等特点，通过不断调整新区功能定位和土地利用，重点引进商业、服务业、劳动密集型产业等企业，丰富居住区经济体系结构。

4. 建立政社分开、居民自治的新型社区管理模式

新区针对其自身特点，本着便于居民自治的原则，强化街道层面社区自治和自我管理、自我教育、自我服务，弱化政府社会管理的职能，实行新的社区管理体制。居民选出了自己的"管家"——社区委员会，自己管理社区事务。充分调动居民的积极性，增强了社区单位之间、社区居民之间及社区单位和居民之间的沟通和交流，进一步融洽了社区内的各种关系，有力地增强了社区的凝聚力和向心力。

5. 充分考虑新区建设过程中失地农民的经济支撑和劳动就业问题

在原有村庄改造，妥善安排安置的同时，依托紧邻浮山新区的高科园吸引了大量失地转产居民村民和迁至浮山新区的中低收入人群，从而在产业就业机制上帮助村民和中低收入人群克服贫困问题。规划高品质的学校落户新区，提高新区范围内的教学质量，减少中低收入人群聚居区子女再度陷入贫困的机会。

四、结语

几百个楼座同时开工，万余名施工人员同时工作的建设高潮已经成为浮山新区建设的历史，改善与提升中低收入人群居住品质已成为需要关注的社会问题。实践证明和谐混居是目前较有效避免中低收入者聚居的措施。通过各种住房保障制度不断调整完善，突破围合式实体墙和封闭性管理形式，真正实现资源共享、创造社区与外部交流的公共空间，构建生态、平安、人文、温馨、活力的新区，更适于人居和创业的目标。

参考文献

[1] 李志刚，薛德升，魏立华. 欧美城市居住混居的理论、实践与启示. 城市规划，2007(2)

[2] 郑文升，金玉霞，王晓芳，丁四保. 城市低收入住区治理与克服城市贫困. 城市规划，2007(5)

[3] 邹小华. 城市空间、社会分层与社会和谐. 城市问题，2007(5)

[4] 刘同昌. 政社分开，居民自治的新型社区管理模式—青岛浮山后社区管理模式的调查与思考. 中共青岛市委党校青岛行政学院学报，2005(2)

作者单位：青岛市规划局

关于西安市廉租房建设分配问题的几点思考
Reflections from the Provision and Distribution of Low-Rent Housing in Xi'an

王 韬 李卓民 Wang Tao and Li Zhuomin

[摘要]随着保障住房体制向廉租房倾斜，实施近十年的廉租房进入了一个被重新认识的阶段。本文通过分析廉租房政策在西安的具体实践，总结了廉租房政策在实施中面临的关键问题，提出了改善廉租房政策设计的建议。文中强调，要保证廉租房政策目标的实现，必须进一步加大政府干预的决心和力度。

[关键词]廉租房、住房补贴、补砖头与补人头、政府干预

Abstract: *After nine years of implementation, low-rent housing starts to receive adequate recognition as a key solution to the social housing question in China in the latest policy changes. Based on examination of the low-rent housing practice in Xi'an, the article generalizes the present difficulties and gives suggestions on improving the policy design. It argues, for the success of the low-rent housing policy, state intervention shall be reinforced and the responsibilities of local and central government shall be further clarified.*

Keywords: *low-rent housing, housing subsidies, local authority housing, state intervention*

1998年国务院进一步深化房改方案中，明确提出关于建立商品住房、经济适用住房和廉租住房三级住房供应结构政策。按照这一政策要求，西安市于2001年建成了264套平均建筑面积50m²左右的廉租房，成为全国较早由政府投资建设廉租住房的城市之一。由于种种原因，这些廉租住房的分配、管理和后续建设中产生了一些问题，使得政府廉租住房政策在具体实施中难以发挥出解决好城市低收入住房困难家庭住房问题的应有作用。

针对以廉租住房为代表的中低收入住房问题，从2006年开始，国家有关部门连续出台调控政策，力图抑制房价涨幅，使住房的建设分配向中低收入家庭倾斜，逐步缩小价格、面积差距，促进社会稳定和谐。其中，加快廉租住房政策实施步伐是这一系列政策调控措施的重要一环。

城镇住房制度改革从20世纪90年代初启动至今，逐步建立起适应社会主义市场经济的住房供求体系，通过政策优惠、土地划拨、税费减免等措施，陆续开展了房改集资建房、低洼地和旧城改造、建设安居工程住房和经济适用住房，形成多元投资和建设主体的住房供应体制，城市住房供给困难得到解决。可以说，房改的阶段性任务已经完成。面对新形势新情况，这一新机制需要适时调整完善；尤其是作为房改重要组成部分的廉租住房政策实施相对滞后，需要加大推进力度。

住房政策的制定调整，是随国民经济发展的总体需要来确定的。在构建和谐社会过程中，人们更加关注贫富差距和社会公平，住房的社会作用备受关注。目前的政策调控实际上是采用行政手段来解决市场运作过程中出现的矛盾。实践表明，市场不是万能的，单靠市场运作，难以解决好中低收入家庭的住房困难；同样，对于低收入住房问题，仅有政策调控是不够的，需要政府更为主动、直接和有效的干预。

结合廉租房政策在实际运行过程中出现的问题，我们认为针对中低收入的住房政策应该注意以下几个方面的问题。

一、建立合理的住房供需梯次，区分梯次界限，引导建立正确的住房消费观念：高收入家庭通过商品住房，中低收入家庭通过社会保障住房解决居住问题，形成住房供需良性循环。

1.明确区分社会保障住房与商品住房之间的界限。

住房社会化商品化是住房新制度的基础。房改从改革福利制低租金入手，打破了政府包办一切的做法，住房资源由单位各自分割状态逐步推向社会，进入市场成为商品。但是，不能把社会保障住房与商品住房的建设目标、投资主体、房屋功能、需求对象等内容混同起来。廉租住房由政府投资兴建，住房补贴由政府统一发放，因而在居住面积、居住资格、分配程序等方面必须严格管理控制。对于商品住房，要着力于引导市场有序竞争，提倡适度消费，遏制投机性购房需求，促进住宅产业不断发展。通过以市场为主导的供需调节和以政府为主导的社会保障的双向机制，满足社会各层次收入家庭的住房需要。

2.纠正解决住房必须买房的观念。

以前，福利分房因房源紧、需求大，做不到人人有房住，使住房成为矛盾焦点和政府负担，最终引发了住房制度改革。现在，解决住房问题也不是说每个人一定都买一套全产权住房，而是要做到人人有房住，以居为安。当前出现的困难家庭住房问题，是在城市住房压力得到缓解、居民居住条件普遍改善的情况下遇到的特殊问题而不是普遍问题。政策调控不是要去搞平均主义，既要看到有人买不起住房带来的生活困难，也不能忽视买得起并愿意持币待购家庭的合法权益。随着城市化进程加快，住房的建设分配、功能要求、供求关系也在不断变化，人们不仅要求解决好住，还要求不断提升居住质量，与城市社会经济发展保持同步。这些年在宏观政策上不断地对住房提出种种限制，但城市发展又往往对住房建设标准不断提出更高要求，使一些限制措施难以落实。因此，政策调控的首要任务不是用行政手段配置住房商品资源，而是保证社会保障住房在居住对象、住房面积和销售价格上符合界定标准，推动住房供应梯次和梯度消费次序的建立。

3.进一步明确社会保障性住房的需求和供给。

安居工程住房和经济适用住房作为建立新制度的一种过渡形式和住房新体制的政策样板，起到了促进住房新体制建立的作用，但在建设分配的实际操作中，出现了一些与政策规范相悖离的现象。一是鸠占鹊巢。一方面开发商受利益驱使，在住房建设中面积趋大配套超前；另一方面，中低收入居民住房需求巨大，但购买力有限，使得高收入家庭购买下移，把本应为中低收入家庭提供的部分住房变成高收入家庭投资理财的对象。二是如何补贴问题。住房社会保障的方法一直存在补砖头还是补人头的争论，补砖头是政府通过政策扶持或者直接投资，统一建设销售；补人头则是政府采用货币化的方式给住房保障对象提供资金补助，个人通过市场自行解决住房。从实施情况看，前者因为需要政府在投资、建设、管理和分配上的直接介入，与住房改革以来政府逐步退出住房供应的宗旨相违背，这也成为当前大力提倡廉租住房货币补贴的一个重要原因。三是经济效益与社会效应的协调问题。一般来讲，开发商投入产出的目的是为求得利益最大化，这与政府解决中低收入家庭住房问题的社会利益取向存在一定矛盾。形成这种现象的重要原因一方面在于市场不完善，住房租赁的作用未能有效发挥，另一方面原因是政府对于社会住房的干预力度不够，廉租住房保障的政策不能完全落实。

二、落实廉租住房保障政策，需要尽快出台实施细则，保证资金到位，明确政策界限，便于操作规范；需要建立长效机制，逐步扩大廉租住房政策力度。

1.资金难以落实是制约廉租住房保障政策实施的一个主要问题。

目前相关政策规定除财政主渠道外，土地出让收益、住房公积金增值收益、直管公房出售收益及配套减免等都将作为廉租住房建设和租赁补贴的资金来源，但由于管理渠道不同，资金难以保证及时足额到位。西安市从1995年至2003年从市财政拨款1900多万元建设廉租住房264套；从2006年开始发放补贴，当年市、区财政拨款402万元，住房公积金增值收益提取200万元。根据2005年底普查统计，全市城六区7m²以下住房困难户6800多户，符合保障条件的家庭近13000户；到2007年6月底，共发放租金补贴家庭1594户，实物配租46户。从统计看，资金缺口较大，将影响此项政策的深入开展。一是资金使用的周期性。一旦制度建立，开始发放补贴，就需要一个循环周期，必须保证后续资金。二是工作的长期性。廉租住房保障范围随城市社会经济的发展还将逐步扩大，因此资金必须长期稳定，需要建立廉租住房专项资金制度，设立专户集中管理，专款专用，避免来回划转，政出多门。三是提高资金使用收益，在确保补贴资金落实到位的情况下，可以转换资金划转方式，对土地出让收益、住房公积金增值收益等资金允许投资廉租住房建设，将资金型管理转为资产型管理，减少运营风险，做到安全使用。

2.摸清保障范围，在房源有限的情况下制定针对性的分配和补贴办法。

住房保障政策要得到落实，就要准确掌握保障范围、收入情况和投入比例。摸底调查清楚，才能使纳入保障范围家庭的条件要求和审核要素符合实际。一是政策界定必须清楚，尤其是一些难点如无房户定义、收入界定依据、补贴计算标准、家庭状况落实等，由于涉及很多政策规定，分属多个部门管理，工作中容易产生矛盾。二是整合工作职能。这项工作涉及部门多，管理渠道不顺，审核公示复杂，补贴程序繁琐，需要在政策中统一规范，确定专门机构进行沟通协调、统筹规划。三是建立个人信用等级和住房档案，确定实物配租或货币补贴次序、标准，严格界定不同层次收入，真正了解高收入家庭、中等收入家庭和低收入家庭的占有比例，及时掌握住房保障对象的状况，有针对性地制定政策，使住房困难家庭及时得到政府提供的帮助。四是对于已实行实物配租或货币补贴的廉租住户，家庭经济条件改善后，可以提供政策扶持，鼓励购买或者租赁二手房、经济适用住房，提供条件帮助退出廉租保障。

3.明确廉租房的存量和供应量，建立实物配租和货币补贴相互配合的供应机制。推广廉租住房保障政策要循序渐进，不能急于求成。一是在实施的初始阶段主要通过廉租住房货币补贴的方式，迅速建立制度，扩大政策受益面，集中解决城镇住房困难户、无房户的住房问题。以西安为例，我们测算，按人均保障面积7m²、每平方米月租金1.5元计算，一个三口之家每月可领取补贴约为100元，年均补贴1200元；如果一年补贴6000户，须投入资金720万元。因此，这项措施财政负担不重，见效快，有利于盘活存量住房，发挥住房市场的调节作用，合理配置房源，避免集中居住管理带来的诸多社会问题。二是在此基础上，开展适量的实物配租，尤其针对低保户中严重丧失劳动能力、孤寡病残等家庭分配廉租住房，妥善安置，使廉租住房保障政策得到全面落实。按西安的数据测算，廉租住房每户面积50m²，如果新建，按每平方米造价1400元计算，每套住房建设投入资金7万元，2000套住房需资金投入1.4亿；如果收购，按每平方米850元计算，每套住房需收购资金4.25万元，1000套住房需资金投入4250万元。此外，实物配租完成后，按成本租金计算，仍需向廉租住户每月提供补贴资金近百元。因此，在实施中资金需求较大，有一定操作难度，但形成公产后，有利于长远发展，有利于形成货币补贴与实物配租良性互动。三是逐步放宽保障限制，紧随城市化进程和户籍制度改革等措施的落实，将收入高于低保的住房困难户、进城就业人员和城市流动人员的住房困难也纳入保障目标，促进社会稳定。

三、通过政策调控和舆论引导，完善住房市场功能，确定合理的租售比价关系，不断更新观念，结合实际进行制度创新。

1.改变经济适用房只售不租的做法，使得买不起房但是又不属于廉租房对象的家庭能够通过租赁市场解决住房问题。房改是从调整低租金起步的，政策目标是租售并举，由于租赁市场的职能作用没有得到体现，住房租赁只能自行调节，城乡结合部的城中村及单位的二手房填补了这块空白。上海市目前大规模整治房屋群租现象，充分说明了低价租房需求的客观存在。一是建立和完善住房租赁市场，发展廉租住房、低价租房，同时建立高档住房租赁市场，成为房市的重要组成。住房买卖和住房租赁都表明住房的商品属性，是住房市场的重要组成部分。建立合理的租售比价关系，改变人们的投资消费观念，无力购房时先租住，有条件以后逐步改善，根据支付能力梯度提高居住水平。二是细分市场，满足不同层次住房需求。以往集资建房以单位为实施主体，因效益好坏决定是否建房；安居工程和经济适用住房建成后，往往一售了之；加上住房租赁不完善，群众难以公平享受住房保障政策优惠，也没有条件选择居住方式。目前，有的城市提出对于经济适用房的供应模式要由以销售为主过渡到租售并举，避免一次性售出后只进不退，让有限的房源起到更多的社会保障作用。三是分散管理，通过政策规定新建经济适用住房小区要建设部分廉租住房，激活二手房市场，积极收购旧房，分散房源和分配对象，并通过新建和收购住房形成公产，长期使用。

2. 城市化进程加快，纳入城镇社会保障住房的范围必然不断扩大，廉租住房建设应与当前方兴未艾的城中村改造、棚户区改造结合起来。一是要防止一哄而上。棚改、城改和廉租住房建设又将开始一轮大规模的城市住房建设，应当树立节约合理的观念，统筹规划，严格按照房地产宏观调控政策要求，审核土地使用，防止挪做他用，着眼于闲置土地的收购利用。二是把棚改、城改政策与廉租住房、经济适用住房政策结合起来。棚改、城改居民安置住房以及具有商业价值地段的开发有相应的政策支持，在户型设计、居住面积、小区规划等方面有相应的政策要求。此外，在棚改、城改过程中，需要把改造的地段评估定位，因而可以把一些缺乏开发价值和已经容纳众多流动人口、低租金租赁户的地段适量建设廉租住房小区，与棚改、城改居民安置小区统筹安排物业管理、公共部位维修和公共服务设施。三是解决资金不足。一方面按照规定，落实财政等政策资金足额到位，计划使用，同时对于政府用地和高级差地租地段适当增加税收，用于社会保障住房建设。一方面一些城市城改、棚改采用BT融资模式，把有开发价值的地段进行商业置换，通过市场运作，吸纳社会资金，解决建设资金和工程建设问题，实行一揽子交钥匙工程。政府进行宏观指导，政策帮助，协调各方，保证工作目标完成。

从欧美国家经验看，战后住房短缺、经济转型或者市场无法满足低收入阶层住房需求的时候，都是政府采取主动，大规模干预住房问题时期。回顾住房改革近二十年的实践，表明社会转型期低收入家庭住房问题，需要国家更为主动有效的干预。中国廉租房政策试图模仿美国的公共住房，也就是指针对最低收入人群采取最小规模的政府干预。但是这种方案的前提是住房市场发达，不能进入市场的是数量极少的低收入人群，实践证明这种政策预期不符合中国目前的实际情况。根据建设部统计，中国城市廉租住房的潜在需求人群近1000万户[1]，其中还不包括非城市户口的流动人口。可见，低收入阶层住房目前在中国绝不是市场供需解决大部分住房问题之后的少许剩余问题，而是需求庞大，关系到社会经济发展的稳定的关键性问题，需要更加明确有效的政策、更为广泛的政府干预来解决。

在今年出台的《国务院对于解决城市低收入家庭住房困难的意见》中已经明确，要求廉租住房保障实行货币补贴和实物配租等方式相结合，在通过发放租赁补贴，增强低收入家庭在市场上承租住房的能力的同时，多渠道增加廉租住房房源。这应该说是一个吸取了以往政策经验较为稳妥的方案，要取得良好的效果，需要政府采取更为直接有效的住房干预，以及各方面的相应具体执行政策的配合。

注释

1. 中国政府网，"我国目前大概有1000万户住房困难的低收入家庭"，2007年9月18日，http://house.hexun.com/2007-09-18/100771201.html

作者单位：王韬，清华大学建筑学院
李卓民，西安住房公积金管理中心

国务院关于解决城市低收入家庭住房困难的若干意见
On Solving the Housing Difficulties of Urban Low-Income Households by the State Council

各省、自治区、直辖市人民政府,国务院各部委、各直属机构：

住房问题是重要的民生问题。党中央、国务院高度重视解决城市居民住房问题,始终把改善群众居住条件作为城市住房制度改革和房地产业发展的根本目的。20多年来,我国住房制度改革不断深化,城市住宅建设持续快速发展,城市居民住房条件总体上有了较大改善。但也要看到,城市廉租住房制度建设相对滞后,经济适用住房制度不够完善,政策措施还不配套,部分城市低收入家庭住房还比较困难。为切实加大解决城市低收入家庭住房困难工作力度,现提出以下意见：

一、明确指导思想、总体要求和基本原则

（一）指导思想。以邓小平理论和"三个代表"重要思想为指导,深入贯彻落实科学发展观,按照全面建设小康社会和构建社会主义和谐社会的目标要求,把解决城市（包括县城,下同）低收入家庭住房困难作为维护群众利益的重要工作和住房制度改革的重要内容,作为政府公共服务的一项重要职责,加快建立健全以廉租住房制度为重点、多渠道解决城市低收入家庭住房困难的政策体系。

（二）总体要求。以城市低收入家庭为对象,进一步建立健全城市廉租住房制度,改进和规范经济适用住房制度,加大棚户区、旧住宅区改造力度,力争到"十一五"期末,使低收入家庭住房条件得到明显改善,农民工等其他城市住房困难群体的居住条件得到逐步改善。

（三）基本原则。解决低收入家庭住房困难,要坚持立足国情,满足基本住房需要；统筹规划,分步解决；政府主导,社会参与；统一政策,因地制宜；省级负总责,市县抓落实。

二、进一步建立健全城市廉租住房制度

（四）逐步扩大廉租住房制度的保障范围。城市廉租住房制度是解决低收入家庭住房困难的主要途径。2007年底前,所有设区的城市要对符合规定住房困难条件、申请廉租住房租赁补贴的城市低保家庭基本做到应保尽保；2008年底前,所有县城要基本做到应保尽保。"十一五"期末,全国廉租住房制度保障范围要由城市最低收入住房困难家庭扩大到低收入住房困难家庭；2008年底前,东部地区和其他有条件的地区要将保障范围扩大到低收入住房困难家庭。

（五）合理确定廉租住房保障对象和保障标准。廉租住房保障对象的家庭收入标准和住房困难标准,由城市人民政府按照当地统计部门公布的家庭人均可支配收入和人均住房水平的一定比例,结合城市经济发展水平和住房价格水平确定。廉租住房保障面积标准,由城市人民政府根据当地家庭平均住房水平及财政承受能力等因素统筹研究确定。廉租住房保障对象的家庭收入标准、住房困难标准和保障面积标准实行动态管理,由城市人民政府每年向社会公布一次。

（六）健全廉租住房保障方式。城市廉租住房保障实行货币补贴和实物配租等方式相结合,主要通过发放租赁补贴,增强低收入家庭在市场上承租住房的能力。每平方米租赁补贴标准由城市人民政府根据当地经济发展水平、市场平均租金、保障对象的经济承受能力等因素确定。其中,对符合条件的城市低保家庭,可按当地的廉租住房保障面积标准和市场平均租金给予补贴。

（七）多渠道增加廉租住房房源。要采取政府新建、收购、改建以及鼓励社会捐赠等方式增加廉租住房供应。小户型租赁住房短缺和住房租金较高的地方,城市人民政府要加大廉租住房建设力度。新建廉租住房套型建筑面积控制在50平方米以内,主要在经济适用住房以及普通商品住房小区中配建,并在用地规划和土地出让条件中明确规定建成后由政府收回或回购；也可以考虑相对集中建设。积极发展住房租赁市场,鼓励房地产开发企业开发建设中小户型住房面向社会出租。

（八）确保廉租住房保障资金来源。地方各级人民政府要根据廉租住房工作的年度计划,切实落实廉租住房保障资金：一是地方财政要将廉租住房保障资金纳入年度预算安排。二是住房公积金增值收益在提取贷款风险准备金和管理费用之后全部用于廉租住房建设。三是土地出让净收益用于廉租住房保障资金的比例不得低于10%,各地还可根据实际情况进一步适当提高比例。四是廉租住房租金收入实行收支两条线管理,专项用于廉租住房的维护和管理。对中西部财政困难地区,通过中央预算内投资补助和中央财政廉租住房保障专项补助资金等方式给予支持。

三、改进和规范经济适用住房制度

（九）规范经济适用住房供应对象。经济适用住房供应对象为城市低收入住房困难家庭,并与廉租住房保障对象衔接。经济适用住房供应对象的家庭收入标准和住房困难标准,由城市人民政府确定,实行动态管理,每年向社会公布一次。低收入住房困难家庭要求购买经济适用住房的,由该家庭提出申请,有关单位按规定的程序进行审查,对符合标准的,纳入经济适用住房供应对象范围。过去享受过福利分房或购买过经济适用住房的家庭不得再购买经济适用住房。已经购买了经济适用住房的家庭又购买其他住房的,原经济适用住房由政府按规定回购。

（十）合理确定经济适用住房标准。经济适用住房套型标准根据经济发展水平和群众生活水平,建筑面积控制在60平方米左右,各地要根据实际情况,每年安排建设一定规模的经济适用住房。房价较高、住房结构性矛盾突出的城市,要增加经济适用住房供应。

（十一）严格经济适用住房上市交易管理。经济适用住房属于政策性住房,购房人拥有有限产权。购买经济适用住房不满5年,不得直接上市交易,购房人因各种原因确需转让经济适用住房的,由政府按照原价格并考虑折旧和物价水平等因素进行回购。购买经济适用住房满5年,购房人可转让经济适用住房,但应按照届时同地段普通商品住房与经济适用住房差价的一定比例向政府交纳土地收益等价款,具体交纳比例由城市人民政府确定,政府可优先回购；购房人向政府交纳土地收益等价款后,也可以取得完全产权。上述规定应在经济适用住房购房合同中予以明确。政府回购的经济适用住房,继续向符合条件的低收入住房困难家庭出售。

（十二）加强单位集资合作建房管理。单位集资合作建房只能由距离城区较远的独立工矿企业和住房困难户较多的企业,在符合城市规划前提下,经城市人民政府批准,并利用自用土地组织实施。单位集资合作建房纳入当地经济适用住房供应计划,其建设标准、供应对象、产权关系等均按照经济适用住房的有关规定执行。在优先满足本单位住房困难职工购买基础上房源仍有多余的,由城市人民政府统一向符合经济适用住房购买条件的家庭出售,或以成本价收购后用作廉租住房。各级国家机关一律不得搞单位集资合作建房；任何单位不得新征用或新购买土地搞集资合作建房；单位集资合作建房不得向非经济适用住房供应对象出售。

四、逐步改善其他住房困难群体的居住条件

（十三）加快集中成片棚户区的改造。对集中成片的棚户区,城市人民政府要制定改造计划,因地制宜进行改造。棚户区改造要符合以下要求:困难住户的住房得到妥善解决;住房质量、小区环境、配套设施明显改善;困难家庭的负担控制在合理水平。

(十四)积极推进旧住宅区综合整治。对可整治的旧住宅区要力戒大拆大建。要以改善低收入家庭居住环境和保护历史文化街区为宗旨,遵循政府组织、居民参与的原则,积极进行房屋维修养护、配套设施完善、环境整治和建筑节能改造。

(十五)多渠道改善农民工居住条件。用工单位要向农民工提供符合基本卫生和安全条件的居住场所。农民工集中的开发区和工业园区,应按照集约用地的原则,集中建设向农民工出租的集体宿舍,但不得按商品住房出售。城中村改造时,要考虑农民工的居住需要,在符合城市规划和土地利用总体规划的前提下,集中建设向农民工出租的集体宿舍。有条件的地方,可比照经济适用住房建设的相关优惠政策,政府引导,市场运作,建设符合农民工特点的住房,以农民工可承受的合理租金向农民工出租。

五、完善配套政策和工作机制

(十六)落实解决城市低收入家庭住房困难的经济政策和建房用地。一是廉租住房和经济适用住房建设、棚户区改造、旧住宅区整治一律免收城市基础设施配套费等各种行政事业性收费和政府性基金。二是廉租住房和经济适用住房建设用地实行行政划拨方式供应。三是对廉租住房和经济适用住房建设用地,各地要切实保证供应。要根据住房建设规划,在土地供应计划中予以优先安排,并在申报年度用地指标时单独列出。四是社会各界向政府捐赠廉租住房房源的,执行公益性捐赠税收扣除的有关政策。五是社会机构投资廉租住房或经济适用住房建设、棚户区改造、旧住宅区整治的,可同时给予相关的政策支持。

(十七)确保住房质量和使用功能。廉租住房和经济适用住房建设、棚户区改造以及旧住宅区整治,要坚持经济、适用的原则。要提高规划设计水平,在较小的户型内实现基本的使用功能。要按照发展节能省地环保型住宅的要求,推广新材料、新技术、新工艺。要切实加强施工管理,确保施工质量。有关住房质量和使用功能等方面的要求,应在建设合同中予以明确。

(十八)健全工作机制。城市人民政府要抓紧开展低收入家庭住房状况调查,于2007年底之前建立低收入住房困难家庭住房档案,制订解决城市低收入家庭住房困难的工作目标、发展规划和年度计划,纳入当地经济社会发展规划和住房建设规划,并向社会公布。要按照解决城市低收入家庭住房困难的年度计划,确保廉租住房保障的各项资金落实到位;确保廉租住房、经济适用住房建设用地落实到位,并合理确定区位布局。要规范廉租住房保障和经济适用住房供应的管理,建立健全申请、审核和公示办法,并于2007年9月底之前向社会公布;要严格做好申请人家庭收入、住房状况的调查审核,完善轮候制度,特别是强化廉租住房的年度复核工作,健全退出机制。要严肃纪律,坚决查处弄虚作假等违纪违规行为和有关责任人员,确保各项政策得以公开、公平、公正实施。

(十九)落实工作责任。省级人民政府对本地区解决城市低收入家庭住房困难工作负总责,要对所属城市人民政府实行目标责任制管理,加强监督指导。有关工作情况,纳入对城市人民政府的政绩考核之中。解决城市低收入家庭住房困难是城市人民政府的重要责任。城市人民政府要把解决城市低收入家庭住房困难摆上重要议事日程,加强领导,落实相应的管理工作机构和具体实施机构,切实抓好各项工作;要接受人民群众的监督,每年在向人民代表大会所作的《政府工作报告》中报告解决城市低收入家庭住房困难年度计划的完成情况。

房地产市场宏观调控部际联席会议负责研究提出解决城市低收入家庭住房困难的有关政策,协调解决工作实施中的重大问题。国务院有关部门要按照各自职责,加强对各地工作的指导,抓好督促落实。建设部会同发展改革委、财政部、国土资源部等有关部门抓紧完善廉租住房管理办法和经济适用住房管理办法。民政部会同有关部门抓紧制定城市低收入家庭资格认定办法。财政部会同建设部、民政部等有关部门抓紧制定廉租住房保障专项补助资金的实施办法。发展改革委会同建设部抓紧制定中央预算内投资对中西部财政困难地区新建廉租住房项目的支持办法。财政部、税务总局抓紧研究制定廉租住房建设、经济适用住房建设和住房租赁的税收支持政策。人民银行会同建设部、财政部等有关部门抓紧研究提出对廉租住房和经济适用住房建设的金融支持意见。

(二十)加强监督检查。2007年底前,直辖市、计划单列市和省会(首府)城市要把解决城市低收入家庭住房困难的发展规划和年度计划报建设部备案,其他城市报省(区、市)建设主管部门备案。建设部会同监察部等有关部门负责本意见执行情况的监督检查,对工作不落实、措施不到位的地区,要通报批评,限期整改,并追究有关领导责任。对在解决城市低收入家庭住房困难工作中以权谋私、玩忽职守的,要依法依规追究有关责任人的行政和法律责任。

(二十一)继续抓好国务院关于房地产市场各项调控政策措施的落实。各地区、各有关部门要在认真解决城市低收入家庭住房困难的同时,进一步贯彻落实国务院关于房地产市场各项宏观调控政策措施。要加大住房供应结构调整力度,认真落实《国务院办公厅转发建设部等部门关于调整住房供应结构稳定住房价格意见的通知》(国办发[2006]37号),重点发展中低价位、中小套型普通商品住房,增加住房有效供应。城市新审批、新开工的住房建设,套型建筑面积90平方米以下住房面积所占比重,必须达到开发建设总面积的70%以上。廉租住房、经济适用住房和中低价位、中小套型普通商品住房建设用地的年度供应量不得低于居住用地供应总量的70%。要加大住房需求调节力度,引导合理的住房消费,建立符合国情的住房建设和消费模式。要加强市场监管,坚决整治房地产开发、交易、中介服务、物业管理及房屋拆迁中的违法违规行为,维护群众合法权益。要加强房地产价格的监管,抑制房地产价格过快上涨,保持合理的价格水平,引导房地产市场健康发展。

(二十二)凡过去文件规定与本意见不一致的,以本意见为准。

中华人民共和国国务院
二〇〇七年八月七日

服务型社区
——绿城·蓝庭园区服务体系介绍

Service-Oriented Community
The service system in Lanting District by Green Town Group

绿城房地产集团有限公司
Greentown Real Estate Group Co., Ltd.

一、和谐社会、品质生活——现代人居需求升级

人的需求在发展——美国著名社会心理学家亚伯拉罕·马斯洛在剖析人的社会需求时,将其分为生理需要、安全需要、感情需要、尊重需要以及自我实现需要五种不同层次需求,同时认为人在不同时期表现出来的各种需要的迫切程度是不同的。在低层次的需要基本得到满足以后,高层次的需要会取代它成为推动行为的主要原因。

中国现代人居需求在升级——在经历改革开放二十年的经济快速发展后,在当前和谐社会主题下,我国城市居民对于品质生活提出了更深的理解,尤其对于与其生活品质具有重要关系的生活园区及其背后的营造者、服务者,提出了更高层次的要求。

二、行业发展、服务升级——中国房地产业服务发展历程

行业划分界定房地产业为服务性行业,充分反映出房地产行业服务的重要性。中国房地产行业的发展历程,一面是行业建设发展历程,而另一面是行业服务发展历程。

从早期基本无社区服务到1981年中国大陆第一家物业管理有限公司,开始提供专业物业管理,从普通常规小区物业管理到目前全方位社区、园区服务体系尝试与探索。面对不断提高的客户需求,房地产行业在不断发展,服务在不断升级。

房产提供给人的如生理需求包括运动、保健需求、安全需求、文化需求到心理需求、交往需求、休闲需求,促使房产品在升级换代。

三、亲情关爱、服务一生——绿城对于社区/生活园区服务理解

绿城对于社区/生活园区服务理解:

1. 房地产行业快速发展,竞争逐步加剧,已经开始逐步从产品竞争阶段向服务竞争阶段过渡;

2. 综合的社区/生活园区服务体系是社区开发建设的重要组成部分而非附带品;

3. 社区/生活园区服务已经从初级发展阶段(物业管理、物业服务阶段,突出对于"物"的管理)逐步向全面服务过渡,突出对于"入住者(人)"的生理、心理需求满足的服务;

4. 社区/生活园区服务是关心人、关怀人、善待人生的出发点与归宿点;

5. 全面、良好的社区/生活园区服务在满足客户身心愉悦需求的同时,真正实现行业价值、房产价值以及企业的社会责任。

整合绿城集团各方面专业资源,与国际、国内专业公司全面合作,以绿城·蓝庭项目为载体,绿城生活园区服务体系全面推出。

四、绿城·蓝庭——开启绿城生活园区服务体系

绿城·蓝庭,融合中国传统人居理念精髓与地中海浪漫情怀,集绿城12年开发理念的反映和提升,产品将自然环境与地中海风格建筑有机结合,构筑出浓郁绿城风格的庭院生活小镇。

生活在绿城·蓝庭的业主是快乐的,因为这里充满友善关爱。因为绿城·蓝庭以"温情关爱"为主题，通过全方位服务体系的营造，七大主题配套规划，关爱不同年龄人群生活的方方面面，成就一个以全方位服务为核心的大型现代生活社区。绿城·蓝庭，开启绿城集团全服务型社区。

1. 绿城·蓝庭园区生活三大服务体系

绿城·蓝庭作为绿城服务型社区，其构建的综合服务提供如下三大体系的全面服务内容：

蓝庭社区三大服务体系　　　　　　　　　　　　　　　　　　　　　　　　　　　　　　　　　　　　　　　表1

一、蓝庭健康服务体系	1. 健康保健类服务	(1) 专业健康护理类服务
		(2) 康复类服务
		(3) 健康教育类服务
		(4) 养生保健类服务
	2. 社区门诊	
	3. 紧急救助类服务	
	4. 医疗绿色通道服务	
二、蓝庭文化教育服务体系	1. 社区老年文化、教育服务体系	(1) 老年文化教育服务体系
		(2) 老年兴趣爱好发展服务体系
	2. 社区儿童文化、教育服务体系	(1) 儿童文化教育服务体系
		(2) 儿童课外教育服务体系（兴趣爱好发展）
三、蓝庭生活服务体系	1. 社区饮食服务	
	2. 社区运动服务	
	3. 社区休闲/娱乐服务	
	4. 社区居家/购物服务	
	5. 社区出行服务	
	6. 社区管家服务	
	7. 社区商务	
	8. 社区论坛	

2. 健康体系：Blue Patio/Healthiness Service System　　　　　　　　　　　　　　　　　　　　　　表2

初级大众健康服务	中级健康服务列表	高级健康服务列表	特级健康服务列表	老年人专业护理
1. 紧急救助呼叫系统	1. 居家保洁服务	1. 三级健康服务（同三级列表）	1. 二级健康服务（同二级列表）	1. 生活护理
2. 私人健康助理	2. 提供私人健康助理	2. 为老人洗涤衣物	2. 排泄的护理	2. 安全护理
3. 建立健康档案	3. 为老人代购物品：杂志、飞票、鲜花、食品、洗涤用品等	3. 协助老人做好生活护理	3. 褥疮的预防与护理	3. 生命体征监测和护理
4. 基本体检		4. 运动护理	4. 各种引流管的护理	4. 消毒与隔离
5. 健康评估		5. 及时巡视、及时观察病情、及时报告病情	5. 预约五大医院专家就诊服务，并由专职导医陪同就诊	5. 膳食营养和饮食护理
6. 健康计划	4. 家庭护理员服务			6. 运动护理
7. 跟踪与引导	5. 健康宣教	6. 每年体检一次，定期跟踪随访	6. 专职护理员服务	7. 睡眠护理
8. 营养指导	6. 组织老人参加园内的各种文体及康复活动	7. 心理护理	7. 陪同服务（看望朋友或代你探视朋友）	8. 排泄护理
9. 运动指导		8. 住家护理员服务	8. 教导、组织各种趣味活动（太极拳、钓鱼、健康讲座等）	9. 给药指导
10. 专业口腔定期检查		9. 医生定期上门服务		10. 中药煎服
11. 中医保健	7. 园区提供紧急呼叫系统，医护人员24小时有应答	10. 生命体征的观察	9. 睡眠护理	11. 使用各种引流管病人护理
12. 儿童健康关注		11. 饮食护理	10. 中药煎服	12. 心理护理
13. 双向转诊		12. 专业宠物护理	11. 安全护理	13. 常见老年病护理
14. 专家预约/陪诊	8. 提供导医咨询服务		12. 消毒与隔离护理	14. 临终护理
15. 省市医院坐诊、讲座	9. 给药指导			
16. 省市医院专家咨询				

3.文化体系：Blue Patio/Culture Education System

绿城·蓝庭文化教育服务内容详细列表

蓝庭社区老年文化、教育服务体系　　　表3

服务机构	服务模式	教育特色	服务内容		服务启动时间
蓝庭社区老年大学	社区服务中心与老年大学联办	1.突出老年人兴趣爱好	1.文娱娱乐	成立蓝庭老年大学艺术团，包括舞蹈班、声乐班、器乐班、戏剧班。每周定期于社区会所多功能厅演出	健康讲座前期即将定期展开；具体内容业主入住后全面展开
		2.突出以"学"为乐，强调课程健身娱乐效果	2.素质教育	英语班和文史班，相应地成立英语沙龙、文学社团等组织	
		3.突出社区退休老人老有所为	3.技能教育	书法班、绘画班、手工制作班等，相对应成立书法绘画协会等组织	
		4.突出课程生活化的时代特征	4.生活保健	太极剑法、中医中药与食疗、初级推拿、现代养生讲座	
			5.兴趣爱好	摄影基础、初级电脑学习、花卉园艺	

蓝庭社区儿童文化、教育服务体系　　　表4

	服务机构	服务场所	教育特色	服务内容	服务启动时间
文化、教育服务体系	育华幼儿园	蓝庭幼儿园	1.突出幼儿艺术教育主题特色	1.大型运动玩具、塑胶操场等，供幼儿户外锻炼、活动	前期将举办寒暑期兴趣班；2008年下半年幼儿园正式投入使用
			2.突出健康、语言、社会、科学、艺术课程方向	2.多功能游戏室、音体活动室、科学探索室、幼儿电脑室、幼儿绘画创作室等专用教室，供幼儿游戏、探索	
			3.实行小班化教学，25~30人/班	3.幼儿活动室、午睡室、盥洗室和衣帽整理室供幼儿休息	
			4.开展双语教育	4.开办游泳、绘画、音乐等各种暑期及周末兴趣、爱好班	
	"四点半学校"课外教育服务体系（杭州首个儿童会所）社区服务中心聘请社区退休老人（原从事教育、文艺、美术等方面工作），组织成立社区儿童兴趣发展中心，进行义务指导	东区中心花园会所	1.培养儿童情商与创造力	1.儿童课余作业指导	2009年交付业主入住后
			2.突出儿童兴趣/爱好个性主题特色	2.儿童"教育"代管	
			3.社区退休老人老有所为	3.课外读物——"儿童故事会"	
			4.充分体现社区老年与儿童互动、情感交流	4.儿童涂鸦、剪纸等动手活动	

4.生活体系：Blue Patio/Living Service System

绿城·蓝庭社区的衣、食、住、行如此丰富多彩　　表5

序号	服务类别	服务项目	服务说明	硬件支撑
一	社区饮食服务	1.老年、儿童营养配餐服务	根据业主健康档案资料，制定每周标准化膳食食谱	颐养组团社区食堂
		2.厨师预约上门服务	业主可通过拨打服务中心电话预约厨师上门服务	同上
		3.电话预约送餐服务	业主可通过拨打服务中心电话预约送餐服务	同上
		4.留守老人或小孩的配餐服务	业主出差后家中小孩和老人的订餐服务	同上
		5.家庭宴会/私人PATTY服务	业主可通过拨打服务中心电话预约会所或多功能厅宴会和私人PARTY服务	酒店公司与会所
二	社区运动服务	1.亲子奇趣乐园	提供儿童蹦床、乐乐球等益智文体活动	儿童会所
		2.儿童轮滑	开展儿童轮滑培训活动	专业儿童轮滑道
		3.开展篮球、羽毛球、排球等球类兴趣班	提供青少年增强体质培养兴趣爱好的丰富文体活动	社区运动中心
		4.开展暑期游泳培训班		四个游泳池
		5.健身、跆拳道、瑜珈、健美操等培训班	让成年人在工作之余一起运动，一起健康	社区运动中心
		6.老年人晨练健身服务		老年人晨练区
		7.社区运动会	定期举行一些文化氛围浓厚的社区活动，关系社区居民的成长	社区运动中心
三	社区休闲服务	1.夕阳红曲艺大舞台	社区老年艺术团体定期自发举行一些文艺演出，老有所乐，老有所为	社区老年大学 社区老年俱乐部
		2.夕阳红旅游团服务	组织老年人集体出游，拓宽视野，放松心情	社区老年大学 社区老年俱乐部
		3.办理临平山公园年票	方便园区老年人登山赏景	社区老年大学 社区老年俱乐部
		4.社区读书节活动	邀请名家举行文化讲座，提升社区文化氛围	会所书吧
		5.宠物活动乐园	供宠物爱好者进行交流	
		6.小天鹅合唱团	蓝庭园区幼儿艺术团体	幼儿园/儿童会所
四	社区出行服务	1.社区巴士服务	定点定时班车，开往杭州黄龙和临平地铁站	公交公司白马安达
		2.社区电瓶车服务	园区内通行，尤其方便老年人在园区内的交通	物业公司
		3.通往临平城区公交车服务	专属蓝庭公交站点，方便居民出行	临平公交公司
五	社区居家、购物服务	1.生活超市		商业中心
		2.银行、邮政		商业中心和沿街商铺
		3.特色中餐		东区会所
		4.休闲西餐		商业中心
		5.酒吧、茶馆		商业中心
		6.指压、足道		商业中心
		7.图书、音像		商业中心和沿街商铺
		8.便利店		沿街商铺
		9.洗衣店		沿街商铺
		10.品牌服饰		商业中心和沿街商铺
		11.家居精品		同上
		12.美容美发、女子SPR		同上
		13.药店		同上
		14.时尚饰品		同上
		15.鲜花礼品		沿街商铺
六	社区管家服务	1.常规服务内容（略）		物业公司
		2.特色服务内容		物业公司
		其一：社区、组团两级管理	社区主入口，组团入口二级安全管理体系	
		其二：管家服务 房间清洁服务、幼儿照看服务、洗衣服务、洗车服务、缝纫服务、物品借用服务、花卉代养服务、物业代租服务等	每一组团配一个"管家"，管家手机24小时开机，业主可根据需要随时提出各种常规免费服务和特约有偿服务等	

绿城·蓝庭
Lanting, Green Town Group

占 地 面 积：640亩
总建筑面积：66万m²
容 积 率：1.15
绿 化 率：40%
东　　　区：8~18层景观电梯公寓，约220亩
西　　　区：庭院洋房及联院Townhouse区，约420亩
规划和建筑设计：美国DDG设计公司、绿城东方设计公司景观设计、
　　　　　　　香港ATTRACTIONS国际
会所室内设计：香港PAL梁景华
开 发 商：绿城房地产集团有限公司

绿城·蓝庭位于临平山脚下，在交通上通过320国道、绕城高速、临丁路等多条路线，均可便捷到达杭州市中心，车程仅为半小时左右。与临平市中心车程3分钟左右。杭州市地铁一号线将于2010年通到临平，到时交通将更为便捷。

1. 深深蓝庭，悠悠我心

绿城·蓝庭在传承绿城一贯的人文精神和品质先导的前提下，集绿城12年开发理念的反映和提升，再造一种全新产品线、全新开发模式。产品将自然环境与地中海风格建筑有机结合，构筑出浓郁绿城风格的庭院生活小镇，同时项目作为绿城集团首个服务型生活园区，以"一生关爱、全心服务"为主题，通过健康、文化教育、生活三大服务体系的营造，七大主题配套规划，关爱不同年龄人群生活的方方面面。

2. 产品营造

绿城·蓝庭周围自然环境优美，北侧与茅山相临，南面可遥望临平山，地块内水系众多，自然景观良好。项目以保持地块独有的优美自然环境为出发，从规划、建筑、景观各种角度综合考虑小区地中海异域风情的营造，在规划上以庭院为基本单元，以围合和半围合的形式架构庭院——组团——社区层层递进的空间关系，建筑风格在绿城一向稳重典雅的风格上更增添具有浓郁地中海风情的轻快明朗的建筑元素，提供更人性化的室内空间；景观上运用庭院和中心花园，以及天然生态景观等元素，辅以适当的围廊，衬托建筑，体现了地中海庭院空间的完美群体组合，创造人与环境、人与人的互动空间。

3. 生活配套

绿城·蓝庭地处临平传统文教区，临近余高、树兰、余杭实验中学等知名学府，近享临平副城的完善配套，距离沃尔玛超市约3分钟车程。同时园区精心规划七大主题配套、四大主题会所、商业中心、运动中心、幼儿园、社区巴士、健康促进中心等社区配套一应俱全，蓝庭更创新设置儿童会所、社区老年大学、老年活动中心、社区食堂等。

4. 绿城集团首个服务型生活园区

健康生活就是幸福的生活，社区里有专业人士提供健康咨询，定期开展保健讲座，甚至提供基本医疗服务到老年人颐养、婴幼儿护理、心理咨询、美容健身咨询等一系列特色健康保障服务功能。作为绿城集团生活园区服务体系示范小区，蓝庭的园区服务由健康服务体系、教育文化体系、生活服务体系三大部分构成，为维护园区居民身体、精神、心理等多层次的健康及幸福生活提供多样服务。

RISTORANTE ITALIA

北
沙
西
路
小区次入口
小区主入口
振
兴
路
总平面图 1:800

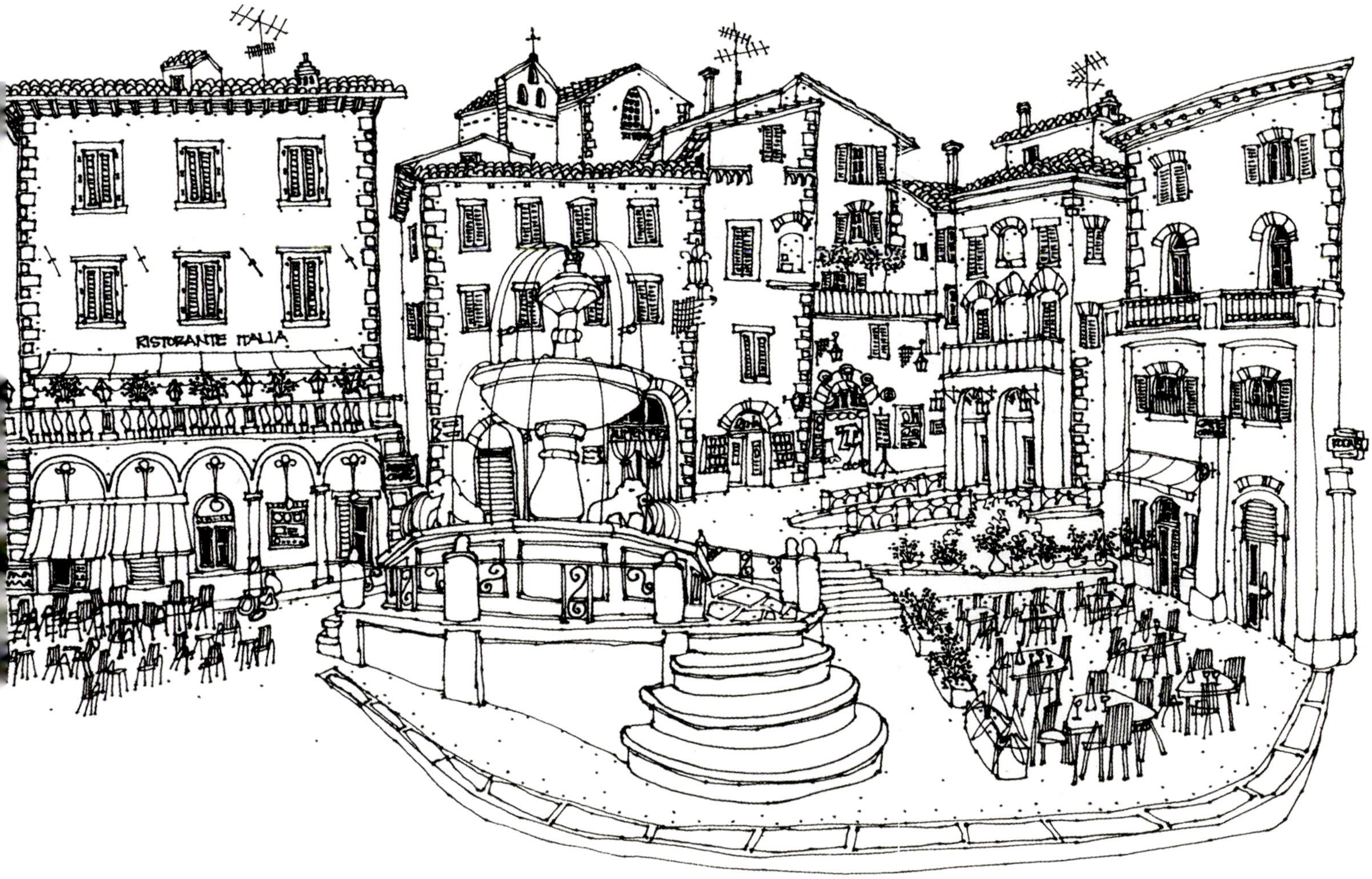

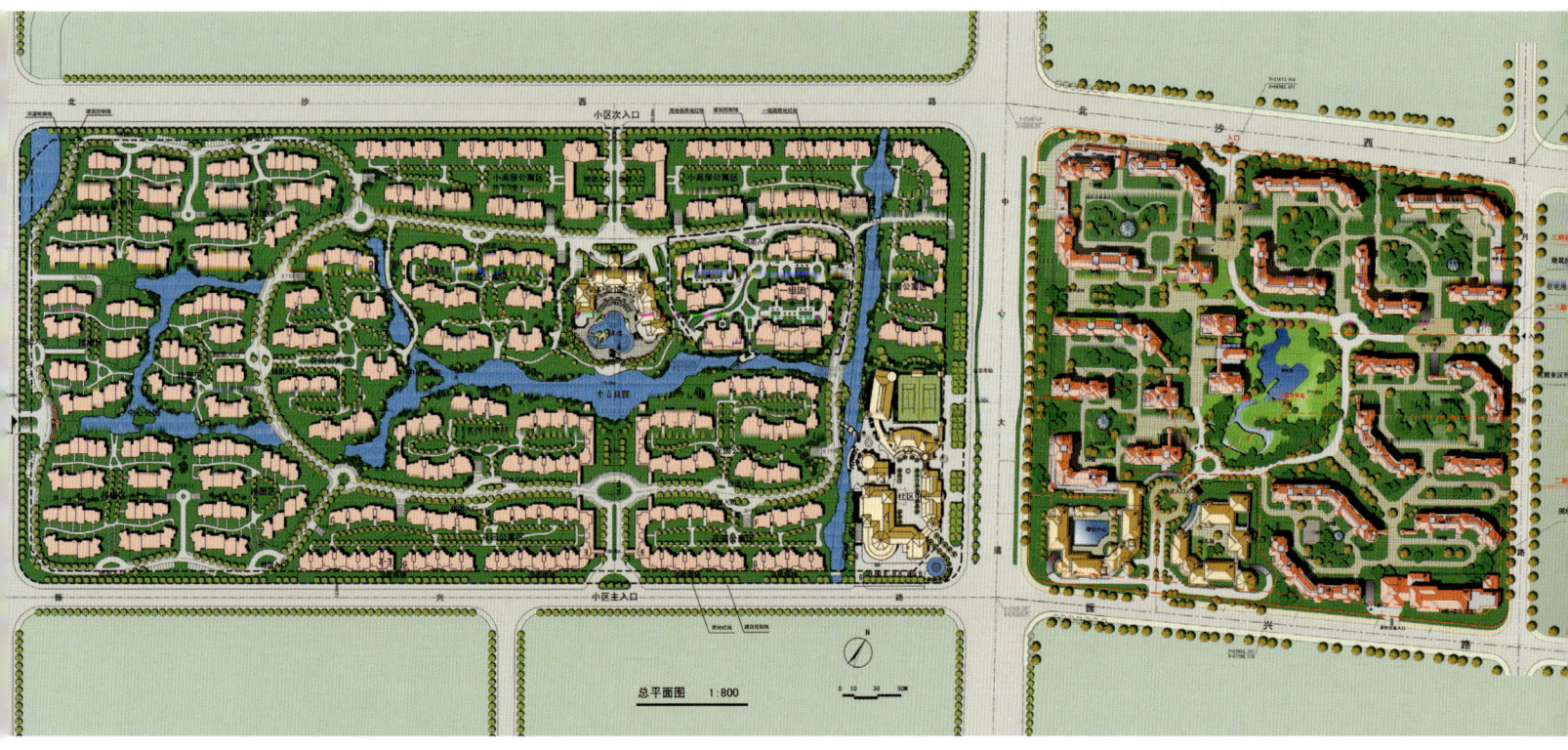

上海·绿城玫瑰园
Rose Garden, Shanghai

占 地 面 积：1205亩
总建筑面积：约22万m²
容 积 率：0.175
开 发 商：绿城房地产集团有限公司

上海玫瑰园位于上海市闵行区马桥镇旗忠森林体育城核心，中青路1555号（元江路口）。

上海·绿城玫瑰园的规划和建筑的设计灵感来自于二三十年代的上海老洋房，其主要构思是：用大树、高墙、灌木构筑起街区意象；用水系、湖泊、河流和自然植栽串连成乡村意象；折衷主义的建筑风格；与建筑和谐配合的风格各异的庭院；极富装饰意味的小品、铺地、泳池、铸铁栏杆等的细节构成。这些元素之间互为统一、相为呼应，构成了完美的玫瑰园印象。

上海·绿城玫瑰园根据上海老洋房的意象规划设计，风格包括法式、英式、意大利式等。以20世纪末的西方高级社区为蓝本，以20世纪初的老洋房建筑为基础，并在重新发现那些有长久生命力的社区所遵循的设计概念。这样一种别墅社区在上海，则成为地域文化的映射，成为在中与西的比较中做出的选择与创新。上海·绿城玫瑰园力争营造成上海综合品质第一的高端别墅产品，成为绿城第三代别墅的标杆。

绿城·上海绿城

Green Town Shanghai, Green Town Group

占 地 面 积：18万m²
总建筑面积：47万m²
容 积 率：2.0
绿 化 率：50%以上
车位比例：70%
建筑规划设计：浙江绿城建筑设计有限公司
　　　　　　　上海现代建筑设计(集团)有限公司
景观概念设计：MCKA（哈佛教授合组设计事务所）
　　　　　　　Visionary International Consultants
景观方案设计：澳大利亚普利斯规划设计股份有限公司
室内装饰单位：雅室建筑与规划事务所
开 发 商：绿城房地产集团有限公司

　　上海绿城是绿城集团进军上海的第一个作品，肩负着在上海地区树立绿城品牌的重要责任。

　　上海绿城位于浦东陆家嘴金融贸易区，杨高南路和浦建路交界处，距世纪公园约1000m，周边交通便捷，距地铁2号线上海科技馆站1500m，距4号线蓝村路站900m。

　　整座园区由10层～28层的中高层和高层住宅建筑构成，空间形态错落有致、气度非凡。小区中心广场相对小区环道落差3.9m，5个独立组团均高出小区环道地坪1.7m，通过3个层次的高差变化产生有趣的景观效果。园区中心经新月形坡面和隐形轴围绕串联，把各组团有机结合，中心花园、组团绿地、宅间绿地构成了层次丰富的生态视域和有序的景观空间。

71 | 地产视野 COMMUNITY DESIGN

绿城·桃花源
Taohuayuan, Green Town Group

地　　　　点：杭州市余杭区凤凰山南麓
总　占　　地：2700亩(整个园区分东、西、南三区开发)
桃花源西区占地：590余亩，136栋独立别墅。
桃花源南区占地：1400余亩，5/0余栋独立别墅
开　发　　商：绿城房地产集团有限公司

绿城·桃花源位于杭州市余杭区凤凰山南麓风景秀丽的丘陵地带，距杭州市中心18hm。桃花源总占地达2700亩，拥有真山真水的自然，意在享受真正的理想人居，是中国最低密度的别墅园区之一。整个园区分东、西、南三区，东区现已全部售罄并交付，西区及南区正在建设中。

1. 山水之间，完美之居

绿城·桃花源生态居住区以陶渊明《桃花源记》中所描绘的山野田园生活为创作蓝本，融合生态自然山水和田园人居生活为一体，创造深含人文理想的"桃花源意境"。桃花源东区与西区以全新空间布局体现了"豁然开朗、鸡犬相闻"的居住理念，南区别墅则在此基础上向"芳草鲜美、落英缤纷、其乐融融"的自然理想进一步回归。园区内有众多山坡、河流、池塘、小溪，山美水丽、坡缓谷幽、秀林掩映、意境优美，是目前杭州乃至全国不可多得的经典别墅园区。

2. 12年历史的"别墅营造专家"

从杭州的九溪玫瑰园、桃花源东区、西区，到现在开发的桃花源南区、长沙青竹园、上海绿城玫瑰园等别墅项目，绿城的别墅营造已经走过了12年的路程。无论是多年以前的别墅，还是今天的作品，无论是东南亚元素还是北美风格亦或是地中海风格的别墅，绿城的别墅总是有着它自己独特的时间感和精神内涵，更为绿城集团在业内摘得"别墅营造专家"的美誉。

绿城·桃花源南区是绿城营造别墅领先理念——先造园(园区)、后造房、再造院(庭院)的文化实践，标志着绿城由"造房时代"到"造园时代"再到"生活时代"的成功转型。是绿城集团继九溪玫瑰园之后，别墅开发历程中的又一经典巨作，成为中国别墅史上的全新之作。

3. 十锦园——与山对语，与水相亲

绿城·桃花源"十锦园"由每栋平均占地约4.5亩的别墅组成江南式的园林建筑群，以苏州古典园林为原型，吸收现代居住的理念，园林宅园合一，以精巧、自由、雅致、写意见长。十锦园的实景已然塑造出《桃花源记》中"山有良田、美池、桑竹之属"独特意象，构成具有田园山水风光和中国传统文化氛围的"桃源村"意象，是目前国内房地产界罕见的极具文化内涵的现代中式大宅。

绿城·深蓝广场
Deep Blue Plaza, Green Town Group

总占地面积：1.8万m²
总建筑面积：13410.7m²(含地下3层)
产品类型：两幢公寓、一幢写字楼和一条商业街
开 发 商：绿城房地产集团有限公司

绿城·深蓝广场位于杭州市中心武林商圈的核心地段，武林广场北侧，西湖文化广场东侧，南依千年古运河，北临朝晖路，作为城市CBD核心区域的标志性建筑之一。

1. 规划

绿城·深蓝广场致力于营造一个开放式的空间，将建筑融入城市，形成了与城市空间的互动，在杭州市中心创造了一条优美的天际线，一个展示城市国际化的空间场所。

2. 建筑

绿城·深蓝广场运用Low-E玻璃、铝板、石材等的巧妙组合，营造出一种高贵清新、晶莹剔透的视觉效果，典雅精致的现代风格立面，成为城市中心的标志性建筑。

3. 酒店式的公共空间

绿城·深蓝广场的大堂是对公共空间的一种创新，其宗旨就是要为所有的业主设计一个"共有的客厅，业主在这个客厅里可以随时接待最尊贵的客人"。酒店式服务将延伸到业主生活的每一个层面，和业主共同创造并维护一种高尚生活方式。

4. 居室空间

绿城·深蓝广场致力于营造精致典雅的室内氛围，通过材料选择、颜色搭配、适当的比例和光线配合，营造品位高贵舒适的居室空间环境，展现高品质生活人群的生活艺术。

5. 景观

绿城·深蓝广场充分利用城市原有的运河景观，在一个开放的空间中，通过对雕塑、水景、植栽、灯光、标志、小品等元素的运用，营造出更丰富、精致、典雅的景观特征，使具有现代艺术感的都市景观与自然生态景观相互融合，带给人们亲切的生活气息和通透开敞的视野。

1. Manolo高跟鞋的设计效果图及实物（图片来源于互联网）
2. 穿上高跟鞋的女模特

功能性之美
The Beauty of Functionality

楚先锋 *Chu Xianfeng*

无论是做建筑设计还是做产品设计，总会考虑两个方面：功能性和美观性，二者缺一不可。一般情况下，你可以说这个设计是更强调功能性还是更强调美观性，因为我们总是习惯于将它们二者对立起来谈。本来，从广义上来讲，美观也是一种功能性要求，它的功能是给人带来视觉上的享受。在本文中，我们暂且不讨论这种广义上的功能性和美观性的区分，我们仅从狭义上来讨论它，即我们提到的功能性抛开了美观性，仅从客观的、物质的使用功能来看。即使这样，我们既不应该也不能将它们对立起来，他们并不是冤家，他们完全可以以一种更好的方式融合在一起，以功能性来体现美、创造美。

我们先举一个时装设计的例子。在人类服装里面，鞋子是一个微不足道的部分，然而，高跟鞋的出现是一个革命性的突破。之所以称其为革命性的突破，是因为这是时装界最具创新性的设计成果之一。高高的、细细的鞋跟，窄窄的鞋头，弧线完美的鞋身，其造型本身就已经是美轮美奂了。而其功能性并不仅仅是好看而已，她的作用是创造女性的

3.蓬皮杜中心

4.汽车底盘是结构功能与美的结合

美。她不仅能够增加女性的高度、修正女性的脚部形态,还从更多的方面激发出女性的美来。穿上高跟鞋后,为了保持平衡,女性必须收紧小腹、挺直腰身,从而使胸部突出、骨盆隆起,让人看起来胸部更加丰满、臀部更加浑圆、胯股线条更加挺拔、小腿曲线更加修长,使女性整体看起来曲线生动而富有弹性,走起路来也轻盈活泼。从中我们可以看到,高跟鞋本身的功能性是第一位的,她使穿她的女人更加迷人,而她本身也造型优雅,她和她的主人之间互相映衬,相得益彰。难怪在《Sex and City》里面,凯丽说:"爱情会失去,但鞋子永远在",她为了买鞋而无力支付房租。她对Manolo高跟鞋的如痴如醉,究其原因就是这种纯手工女鞋不仅造型优雅,而且穿上她双脚能够获得一份懒洋洋的舒适感,她诠释了女性曲线的完美,让女性觉得爱与生命都融化在了脚下。

纵观世界建筑史,能够永垂史册的伟大建筑物都是因其功能性才体现了美、创造了美。无论是中国的万里长城,还是古罗马的万神庙,是功能决定了它们的形式,是功能造就了它们的形式美。无论是大师说的"功能决定形式"还是"形式追随功能",说的都是这个道理。外在应该是内部的忠实反映,外在的形式美应该是由内部的功能性决定的,或者是由实现功能的技术决定的。

在世界建筑史上有一个非常有名的例子可以说明这个问题,那就是法国蓬皮杜艺术文化中心,它诠释了功能性是如何创造出完美的形式的。提起蓬皮杜中心,大家都比较熟悉它采用了"翻肠倒肚"式的手法,将所有设备管道及交通系统都暴露在建筑外部。但是你若仔细地观察它的结构形式,你会发现,功能性与美观在此完美地融合在一起了。大楼的结构主体是由28根钢管柱作为竖向支撑,钢管柱分布在建筑的两侧,每侧14根,中间没有任何支撑,跨度达48m。楼板支撑在巨大的钢管桁架梁上面,但钢管桁架梁并没有直接连接在钢管柱上面,而是同钢管柱上面的一个小型悬臂梁的一端连接在一起。悬臂梁也是钢质的,长度有8m多,它向柱内侧悬挑1.85m,向柱外侧(即建筑物外侧)悬挑6.3m。与柱连接的部位有一个孔,通过销钉固定在柱子上,销钉就好像是悬臂梁的轴,悬臂梁可以绕销钉轻微转动,从而形成杠杆式构件,造型轻盈,看起来十分优美。其实这么复杂的结构体系完全是出于功能性的考虑。首先,由于48m的跨距实在太大,采用杠杆式构件可以缩短钢管桁架梁的长度,减少桁架中间部位的弯矩。其次,杠杆向外悬挑的部分正好可以做外部走廊、设备管道和自动扶梯的支架。在这一个优美的支架系统上,红色的是交通和升降设备,蓝色的是空调设备及管道,绿色的是给排水管道,黄色的是电气设备,而一条蜿蜒曲折向上的透明玻璃长廊内则是自动扶梯。建筑的外墙退到柱子后面,所以结构也是完全暴露在外面的,内部只剩下完整的大空间了,在作为展览、会议使用的时候没有任何障碍物。所以,蓬皮杜中心的设计无论内部还是外部,都是从功能出发,没有考虑外观是否美丽,在当时曾经一度被认为非常丑陋,蓬皮杜总统的继任者曾经要求设计师将这些"肠肚"全部改到里面去,结果因为预算问题不了了之。现在看来,它的外观已经被世人所接受,它被世人作为一种机器美来欣赏,真是"无心插柳柳成荫",造就了建筑艺术史上的一个经典作品。

反观国内,在"天下建筑一大抄"的时代大潮中,有多少建筑师和开发商在采取拿来主义的时候,仅仅是"取其皮毛"、"知其然不知其所以然"呢?有多少建筑师是真的为生活在建筑里面的人负责,考虑他们对建筑的功能需求呢?

大陆的开发商和建筑师看到香港住宅的飘窗很漂亮,

所以不管三七二十一就抄了来，从此大江南北，飘窗风靡。在枯燥单调的住宅建筑外立面上，飘窗的出现无疑是丰富了其立面造型，但又有几人深究过它的功能性呢？飘窗的起源，是因为香港住宅的狭窄。对于年轻夫妇来说，卧室很小不能额外放下一张婴儿床，而宽大的飘窗设计，使窗台可以作为婴儿床。又加之飘窗外观漂亮，阳光充足，也是大人读书看报晒太阳的理想场所，所以风靡。另一方面，飘窗突出的窗顶板可以起到一定的遮阳作用，所以，在香港和大陆的南方地区，其不仅具有形式上的美，更具有其合理的功能性。但飘窗大量应用我国北方地区时，问题就出现了。首先，飘窗的节能有问题。由于突出在外，加大了建筑的体形系数，而体形系数在我国北方地区甚至我国中部地区都是对节能影响很大的。其次，飘窗的顶板、窗台板等部位很难做保温处理。在薄薄的混凝土顶板、窗台板部位贴保温板，既容易脱落，又容易增加混凝土板的厚度，使之看起来厚重，失去了它应有的"飘"之轻盈。并且，由于飘窗向外部突出，冬季采暖时暖气不能达到飘窗的玻璃部位，导致飘窗内侧出现冷凝水，尤其是再加上一道窗帘的时候，冷凝水更加泛滥成灾。冷凝水顺着窗台板流到窗下墙上，再从窗下墙上流到地板上，既损坏了墙面装修又损坏了地板装修。最后，远远突出的窗顶板和窗侧板，还影响了室内的采光，遮挡了冬日的阳光进入室内，这在北方高纬度的地区产生的不利影响尤其明显。所以，功能性的美才是真正的美，不考虑功能性的美只会带来后患无穷。

类似的拿来主义的事例还有很多。比如，贝聿铭在设计香港中银大厦的时候，使用了斜向的支撑构件作为结构构件，它们在整个的结构体系内扮演着重要的角色。在外立面上被巧妙地装饰成宝石的形状，同时寓示着"节节高升"的美好愿望。之后，这种斜向支撑构件在许多建筑师手中简单地成了外装饰构件，开外墙的幕墙门洞要嵌入这种"X"型的斜向支撑，既增加了幕墙的施工难度，又对室内的采光和通风造成影响（它影响幕墙开启扇的设置）。又比如，住宅外立面的设计中，为了立面的做法和美观，我们的一些设计师故意将空调位隐藏在一个凹槽内，在凹槽外再统一设置空调百叶等装饰性构件加以遮挡，从材料、色彩和立面构图上做到了美观，但是因为设置凹槽占用了室内的空间，室内空间的完整性被破坏了，

损害了其功能性。还有的设计师在设计阳台栏杆时，经过方案对比认为横向栏杆比竖向栏杆在立面的构图上更美观，于是就不顾设计规范的要求而使用横向栏杆，从而为儿童攀爬栏杆造成安全事故埋下了隐患。我们的设计师竟然为了美，而置安全于不顾了，这是多么可怕的事情呀！

我认识的一位在中国工作多年的外国建筑师，在我和他谈到这个问题时十分感慨地说，他真的为我们的许多建筑师感到悲哀，他觉得这些建筑师非常可怜，因为他们只能也只会做立面了。我觉得这个总结非常精辟，这些建筑师对建筑内部的使用功能以及如何满足这些使用功能的技术手段都不予考虑，或者没有能力来考虑。在他们的心目中，立面设计的重要性是第一位的，因为新颖的立面设计可以帮助他中标，为他带来设计任务，使他走向成功。而和内部使用功能密切相关的平面设计则排在第二位，在二者有冲突时，平面设计让位于立面设计。这带来一个最为直接的后果，那就是平面的不规则、不完整。为了立面设计的需要，平面被"左冲右突、前削后砍"，为室内家具的布置和生活流线的组织带来不便。

这样的事例实在是不胜枚举，因此，在这样一个时代，我们需要重温建筑大师密斯·凡·德·罗的一句话，他说："我们不考虑形式的问题，……形式不是我们的工作目的，它只是结果。"我们知道，只要内容对了，形式也就对了。正如现代建筑理论的起源——包豪斯建筑理论所认为的那样，"我们要求内在逻辑性的鲜明坦然，不要被立面和欺骗手法所掩饰，……要创造从形式上可以认出其功能用途的建筑。"我们不是不追求美，我们追求的是功能性的美。

作者单位：万科集团建筑研究中心

社区参与的绿化建筑
Community Participation and Green Architecture

卫翠芷 *Wei Cuizhi*

引言

联合国政府间气候变化委员会(United Nation Intergovernmental Panel on Climate Change)最近在布鲁塞尔会议后，发表了第二份评估报告，强调全球暖化对世界七大洲造成了严重的破坏，包括洪水上涨、冰川消失、食水短缺、传染疾病蔓延等等[1]。其实，对于全球暖化，很多人都能从近年来的异常天气变化中感受到危机的存在。尤其在香港这样高密度发展的城市，混凝土建筑高耸入云，容易造成屏风效应，日间大厦外墙吸收的太阳热力，无法在晚间散去，使晚间城市的温度往往比附近的乡郊高出2~6℃，造成"热岛效应"。由于晚间气温仍然非常高，空调的用量势必增加，从而加速耗电、耗能，进一步造成环境污染。究竟"热岛效应"会否加剧全球暖化，还有待专家研究，但市区的绿化能有效降低环境的温度，则毋庸置疑。

一、不同年代的绿化取向

房屋署的屋邨，早在20世纪五六十年代已经开始注重绿化环境。这种绿化早期主要是用来填充楼宇之间的空地，使附近的居民有乘凉聚脚的地方。在当时"工"字形的标准住宅楼宇设计中的两个天井种植大树，主要是细叶榕、石栗及凤凰木等。在树荫下乘凉、嬉戏、闲话家常，都成为现代很多中年人的集体回忆。

到了七八十年代，屋邨的规模逐渐成熟，社区内的配套设施齐备。由于很多屋邨都会在住宅大厦底层设置商场、停车场、街市等矮层建筑物，故此平台式的设计非常普遍。绿化的范围也不单只限于地面，平台的屋顶亦是绿化的新宠儿。这些平台花园都能有效地应付当时由于人口剧增而对公共空间及绿化面积增加的要求。由于平台花园能存储的泥土有限，故不宜种植大乔木，只能种植小乔木如棕榈树等。此外，观赏性的花卉如大红花、龙船花、红绒球、黄蝉等，会巧妙地配合附近的功能而栽种，如小童嬉戏乐园、凉亭、水池、老人运动区等。绿化的环境是经过精心设计的，可以成为一个静态园境(Passive Landscape)以供住客休憩和观赏(图1~3)。

为了进一步加强绿化，除了平台花园外，更引伸至空中花园。即在公屋大厦的高层，将楼层的一部分设计成花园。由于位置高耸，宛若在天空之中，故得此名。空中花园要考虑日照及风速，大乔木亦不宜栽种。小乔木、观赏性的花卉、竹子等比较合适。

"十年树木，百年树人"，人材固然必须得到长远悉心的栽培，而种植树木亦非一朝半夕之事。多年来，房屋署对树木的保育非常重视，在重建或新兴建的工程工地上，所有树干若周边以离地面1300mm处量度超过95mm

1. 将军澳73A区的静态园境
2. 利安邨的公共绿化空间
3. 葵涌邨的平台花园
4. 绿化前的人造斜坡及护土墙
5. 绿化后的人造斜坡及护土墙有效改善了"硬建筑"，增加了绿化面积
6. 绿化前的护土墙
7. 绿化后的护土墙美化了环境，增加了生趣

的树木必须予以保留。在设计时，住宅大厦或其他配套设施的分布都要把该等树木列入考虑范围，尽量以不砍伐为原则。如有需要，可以把这些会严重影响新屋邨设计的树木进行移植。由于移植树木有机会令它们受损，故必须由专家处理，并且符合环境运输及公务局通告备忘录的技术指引。

为确保树木、花卉能在屋邨内茂盛滋长，设计时，大部分会采用本土原生植物，避免因不适应环境而枯萎。

然而，从2000年开始，绿化环境不单只是提供休憩和观赏，或以美化环境为单一目的，而是再进一步为优化环境，保育生态而努力。如降低气温、改善排水、提升空气素质、保育生态等，而不只限于视觉美学。以往针对功能上的绿化工作，常见于人造斜坡及护土墙上栽种植物用以改善"硬建筑"以致单调的视觉效果，增加了绿化面积（图4～7），而近期所提倡的是绿化屋顶(Green Roof)。绿化屋顶是指楼宇的屋顶与植物生长的结构层结合。也即是说，屋顶上倘若只是盆栽植物便不属于绿化屋顶的类别了。

在屋顶上种植，本土在20世纪90年代并没有广泛采用，绝大部分是密集型的屋顶绿化(Intensive Green Roof)，即是以200mm至2000mm厚的泥土在大厦屋顶或平台顶上种植花草树木，有如地面的花园一样，需要不断提供灌溉及保养，而厚厚的泥层亦会直接造成楼宇结构上的严重负担。现在所倡议的是扩展型的屋顶绿化(Extensive Green Roof)，即以50mm至150mm的混合土壤栽种一些矮小、耐热、耐旱及耐风的植物。除了首年需要灌溉施肥外，当植物扎根后，每年只需要2、3次的保养便可。由于泥土层比较薄，所以对楼宇结构的影响较少，换句话说，不用加强结构也可以把整个屋顶绿化。

这些扩展型的绿化屋顶，除了可提供休憩及视觉美感外，由于整个屋顶都有植物吸收雨水，故此可以减轻排水系统的负担；另外，植物能过滤空气，可有效改善空气的质素；柔软的植物能吸收低频，形成天然隔声。而最重要的可算是透过植物的水汽蒸发过程，能降低市区的温度，有助减轻市区的热岛效应。根据研究结果，当香港最大太阳日照的情况下，混凝土表面温度可以50°C以上，而绿化的表面可有效降低温度达20°C左右。

绿化屋顶在世界上已有多年经验，但房屋署现只在试行阶段。其他地方的例子固然可以参考，但亦必须顾及本地的特殊环境，如台风、亚热带的气候、冬夏季不平均的雨量、泥土向阳和背阳的差别。此外，一般住宅楼宇很大部分都在40层以上，屋顶上的植物必须特别耐风。在欧美国家采用的佛甲草(Sedums)亦未必适合香港的环境。故房屋署内的工程师都作多方试验不同的品种，上要以地被类植物(Ground Covers)为主，希望找出最适合本港地区使用的植物。

8.绿化预制组件利用铝盘种植草被，方便灵活组合悬挂
9.幼苗栽种后定时洒水
10.当草被长根后，预制绿化组件即可直立摆放
11.当工程进行时，承建商把植物已长根的预制绿化组件摆放在工地的临时写字楼上，观察其生长并继续灌溉
12.在工程项目落成后，预制的绿化组件可直立外挂在大厦的外墙及天台
13.在东隧四期的项目中，预制绿化组件更会外挂在升降机楼顶、外墙等

綠化屋頂

二、预制绿化组件

由于扩展型的屋顶绿化所需利用的泥土比较薄，我们更与业内建筑伙伴合作，共同研发预制绿化组件。除了平放在屋顶上，还尝试以垂直方式，挂于大厦外墙。首个垂直绿化预制组件先导计划将于东区海底隧道旁公屋发展第四期(东隧四期)引入。屋邨预计2009年中落成，绿化面积的占地比例将由现时的10%，大增至17%至18%。

这些预制绿化组件，究竟是什么东西？组件是利用只有$0.5m^2$的铝盆种植草被，方便灵活组合悬挂，适应不同的外墙形态和倾斜度。盘内的青草利用合成的土壤生长，输水管和排水设施藏于土壤里，方便灌溉。所用的土壤经过改良，是泥土混合特殊物料，性质较为结实，不会松脱，可增强泥土的反地心引力性(Anti-gravity)。至于这些特殊物料是什么，以及如何令泥土不会高空坠下，我们的合作伙伴仍在努力掌握最有效的方法(图8~10)。

在我们的初步研究中，垂直外墙上可种植多种花卉，包括风雨花、蒲草、红草、常春藤、忍冬藤、爬墙虎等。这些植物除了可使混凝土披上绿色新衣外，到开花时节，缤纷艳丽的小花盛放，也是令人赏心的乐事。

这些绿化组件，除了崭新地垂直挂在外墙外，还会在所有每天能有4小时直接日照时间的地方装设，例如升降机塔楼顶、一楼檐篷、工地围板等。透过植物吸热降温，屋邨的气温可望平均调低1~2℃。这样，便可减少居民使用空调，对节能及环境保护有所裨益。

三、社区参与的绿化建筑

在东隧四期这个项目中除了上述垂直绿化预制组件的先导计划外，还有一个新尝试是很值一提的。我们与建筑伙伴总承建商合作推行企业社会责任(Corporate Social Responsibility)，亦即是说企业的决策除了要考虑商业上的利益外，亦必须考虑该活动的中、长期对社会及环境的影响。

在工程的初期，房屋署与总承建商合作，邀请东隧四期项目附近的中、小学生，共同制作大型壁画，以加强社区的凝聚力。

除此以外，为了加强社区的绿化概念，树木及其他绿化组件亦成为重要的媒介。我们与承建商合作再次邀请同区的中、小学生参与，每所学校获分派了同品种的植物进行培植。承建商提供植物幼苗、土壤及铝盘，安放在学校每日照可到的地方。然后，我们派人员到各学校讲解培育幼苗的方法，让学生负责栽种及定时洒水。经过一段时间之后，承建商把已长根的植物摆放在工地的临时写字楼上，观察其生长情况并继续灌溉。当工程项目落成后，这些铝盘便可直立外挂在住宅大厦的外墙或天台上。试验的植物品种包括天冬、红草、金连翘、紫花马缨丹、蒲草、花叶蒲草、剑蕨及长柄合萼芋等。当整个计划完成后，铝盘上将会贴上参与学校的名称及班别，更突显社区的参与(图11~13)。

这个社区参与的绿化建筑计划，一方面可试行扩展型的绿化，并且研究垂直绿化预制组件的可行性；另一方面也可以加强社区的凝聚力，让学生了解植物的生长过程以及爱惜环境的重要，并藉由他们亲身参与，加强对该区的归属感。由于传媒的广泛报导，整个计划也唤起了公众人士对绿化及社区参与的重视、接受，并认同绿化环境的价值。计划因此初步取得了成功。

四、展望未来

由于上述计划受到了各方面的欢迎，并且配合了特区政府倡议的"蓝天行动"，故房屋署副署长(发展及建筑)冯宜萱鼓励同期多个工程项目，进行各种不同形式的社区参与绿化计划，包括加强现有社区农圃计划(Community Farm)，即在屋邨范围内，把一小部分花圃划分给居民自由种植。另外，也会尝试向居民分派植物幼苗，自行在家中培植，然后转种于屋邨的公众花园。这些举措，都是希望除了实践绿化外，更能推广社区参与，加强与居民的沟通，让大家对小区更有归属感，同时透过绿化计划，能促使全民参与环境保护。

参考文献

[1] URBIS Ltd., in association with Leigh & Orange Ltd., Study on Green Roof Application in Hong Kong, 2006
[2] 明报要闻, 2007.02.21 A2版。
[3] South China Morning Post, 7.4.2007

注释

1. South China Morning Post, 2007年4月1日
http://www.scmp.com/topnews/ZZZNPH7E50F.html

鸣谢

瑞安承建有限公司
房屋署发展及标准策划组
房屋署园林设计组 (?)

作者单位：香港特别行政区房屋署

从居住街区到时尚街道的嬗变
——日本东京表参道面面观

From Neighborhood Lane to Fashion Street
Omotesando, Tokyo, Japan

邹晓霞 Zou Xiaoxia

[摘要] 本文介绍了日本东京表参道自诞生以来，其性质发生转变的过程。由最初的宗教礼仪大道，转变成住宅街区，再过渡到商住混合型，20世纪90年代后半一跃成为举世瞩目的时尚街道。对其中发生的重大事件进行介绍，也对当前的建筑个案进行分析。文章最后总结出一条充满活力的街道既是顺应自然规律的结果，也是官方、民间、建筑师长期共同努力的结果。

[关键词] 居住街区 时尚街道

Abstract: This article documents the transformation of Omotesando, from originally a ritual pass way for religionary uses to a residential neighborhood, and then to a residential and commercial mix-use street, and finally to a high fashion street after the late 90's. The author lists significant historical events, and researches on a number of individual sample buildings. From the case study, a conclusion is drawn that a lifeful street is the result of both the order of nature and a long-term cooperated effort from government, local residents and architects.

Key words: Residential neighborhood, Fashion Street

一、历史概述

表参道是位于日本东京的时尚中心原宿的一条人车混行的商业街道，享有"步行者天国"的美誉。原本是1920年明治神宫建成时整治门前街区而形成的道路。日语中，"表"是门前的意思，"参道"是指为了参拜神社或寺庙而修建的道路。为了体现神宫的威容，参道采用直线长约1km，宽度36m的规模，铺石植树。既非和式也非汉式，也不是西洋式，它是属于近代日本——"明治"这个特殊时代的林荫大道。

1920～1922年间是明治神宫建成，修路植树——表参道的诞生期。1923年关东大地震以后至1945年间代表现代城市文化的同润会公寓落成，对日本从传统住宅走向现代集合住宅产生深刻影响。1945～1963年，经过战争的洗礼，表参道周围有美军驻扎，街上洋溢着异国氛围。1964～1970年，伴随奥运会出现了选手村，新新人类"原宿族"在街上徘徊。1970～1990年，表参道成为年轻人巡礼的时尚圣地。1990～2004跻身于世界超级名品店街，Prada、Louis Vuitton、Dior、TOD'S、Chanel等世界级名品

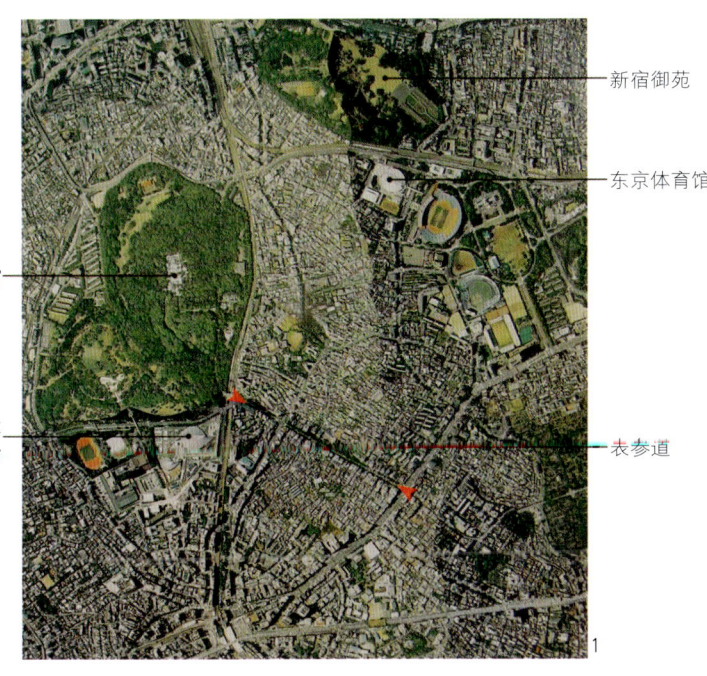

1. 位置图
2. 现代表参道
3. 历史表参道

牌旗店纷纷进驻其中。2004～2006年，备受争议的同润会青山公寓重建项目（安藤忠雄设计）进行中。

二、同润会时期

如同菊儿胡同在北京家喻户晓一样，东京人也对"同润会公寓"非常熟悉。1923年关东大地震后，以建设"抗震防火的集合住宅"为目标，担任复兴计划的财团法人成立了"同润会"。此前的日本住宅都是木结构的，这是首次尝试向西方学习采用钢筋混凝土来建造集合住宅。可以说"同润会公寓"是集合了当时最先进的技术，防火性能大大提高，设备也非常完备的设计优良的住宅。从大正后期到昭和初年间，东京都内加上横滨一共建设了16栋。住宅从外观到细部都充分细致地进行了设计。户型设计也按照单身或者各种家族构成量身定做。并且还准备了社交室、大厅、日光室、公共浴室、儿童活动场等公共空间。被称为日本早期最优秀的"城市文化型集合住宅"、"日本集合住宅的先驱"，至今仍然吸引了各大建筑院校的众多研究。这其中，位于表参道的就有10栋，称为"同润会青山公寓"。这批公寓建于1927年，占地面积1851m²，建筑面积5894m²，3层的9栋，3层带地下室的1栋，住户数138户。

在20世纪70年代左右，住户首先发起了对住宅内部功能改造的运动。从家族居住逐渐转向画廊、设计事务所、出租店铺等，纯粹的居住形式已经很少见了。岁月的痕迹表现在爬满藤类植物的外墙，成为表参道独有的一种存在，许多电影、电视剧以及杂志制作都喜欢把这里当作人物出现的背景。当年种植的榉树随季节变化而呈现不同姿态，改变着表参道的景观。

从建设至今的70多年的岁月里，大部分住宅已经老朽，住户也更替了，因此大概有一半以上的同润会公寓面临着改造和消亡的命运。

三、同润会青山公寓改建

截至2005年12月之前的几年时间里，表参道的一侧始终竖立着施工墙，几乎成为单侧街道。这标志着10栋公寓真正消亡，留下来的只是各人网站或是杂志、书籍上的纪念照片。保留同润会青山公寓的呼声暂且平息，但是争议并没有随之消退。从1998年着手设计以来至2006年12月在原址上新公寓建成，一直是人们关注的焦点，设计人安藤忠雄。

对同润会青山公寓进行改建计划，其实经过了很长时间的讨论。从20世纪60年代开始就有过多次再开发议论，

4.同润会青山公寓总图
5.街景示意图

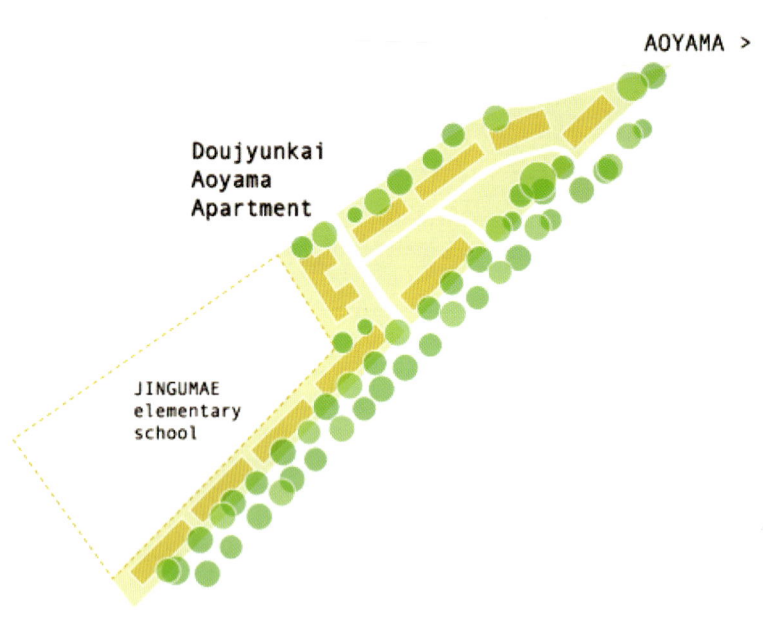
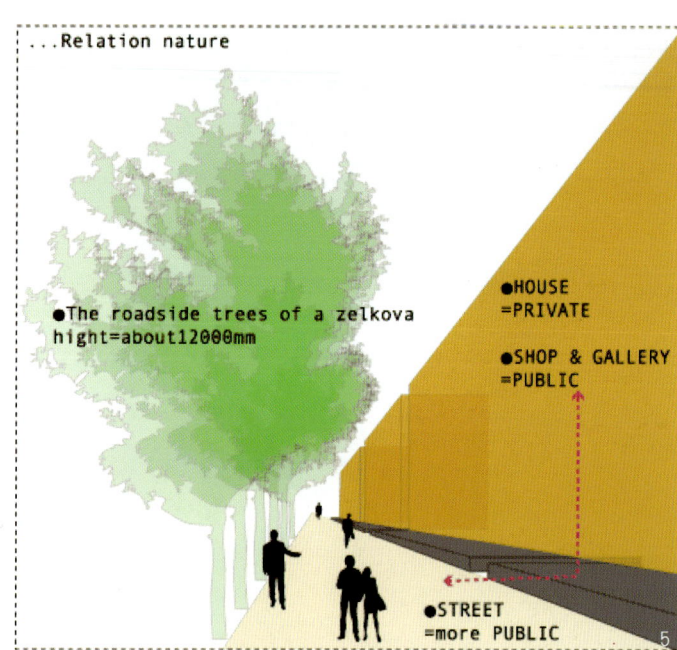

店铺索引 表2

	项目名称	时间	设计人	用途	规模(m^2)
1	原宿GUEST	1988年	NTT都市开发	商业店铺	777
2	Rin-rin项目	2001年	Klein Dytham	时尚商店	15671
3	montoak	2002年	行见一郎，桥本健	餐饮	232
4	Dior表参道	2003年	妹岛和世+西泽立卫	品牌店铺	1492
5	Espace Tag Heuer	2001年	Gwenael Nicolas	钟表店铺	162
6	日本看护协会大楼	2004年	黑川纪章	办公	1671
7	路易威登馆	2002年	青木淳	店铺	3327
8	同润会青山公寓改建项目	2006年	安藤忠雄	集合住宅，餐饮，店铺	33916
9	TOD'S表参道大楼	2004年	伊东丰雄	品牌店铺	2548
10	ONE表参道	2003年	隈研吾	品牌店铺	7690
11	HANAE MORI大楼	1978年	丹下健三	办公，商业	9600
12	明治生命青山paracio	1999年	三菱地所，竹中户田	集合住宅，办公，店铺	41674
13	A-POC青山店	2000年	吉冈德仁	店铺	221
14	COMME de GARCONS	1999年	川久保玲	店铺	698
15	PRADA青山店	2003年	赫尔佐格	店铺	2800
16	YOKU MOKU总部大楼	1978年	现代计画研究所	商业	1219
17	FROM-1st	1975年	山下和正	商业，办公	4906
18	COLLEZIONE	1989年	安藤忠雄	商业，集合住宅	5710
19	hhstyle.com	2000年	妹岛和世	家居店	830
20	SPIRAL	1985年	槙文彦	商业，展厅	10560

6.7.同润会青山公寓街景
8.同润会青山公寓立面图

然而由于泡沫经济，地价高涨，改造计划始终难以付诸实现。然而建筑不断在风化，落后的生活设施已经无法再让人居住下去。钢筋混凝土建造的同润会青山住宅已经到了耐久年限，所以要求建筑改造计划必须定锤。新的改建计划要求：将原来的纯集合住宅，改造成商业设施和集合住宅为一体的复合设施；满足现代都市人空间需求的同时，最大限度地保持和表参道周边环境的协调，延续70多年的城市记忆。

安藤在竞赛中夺得设计权，他的做法是：以250m长连续立面的综合设施群的姿态出现（这跟槇文彦在代官山的做法完全不同，也是最受批评的一点）；表参道地形具有轻微的斜坡，所以建筑的各个楼面由斜坡构成，于是街道宛如延伸到建筑物内部一般，勾勒出具有立体感的城市空间；再建了原有建筑物外壁的一部分，以唤起人们对旧同润会公寓的记忆，尽可能地有效利用地下空间，减少地面上建筑面积和高度，以达到与行道树榉树融为一体的景观；屋顶平台上种有大片绿化，既给人留下建筑和街景、环境完美结合的深刻印象，也提供了一个观赏表参道街景的新平台。

四、品牌店铺个案分析

表参道没有巨型商业中心，以品牌旗舰店、时尚小铺和餐饮为主要构成成分。并且这些品牌店铺涌现出一种特殊共性："Brand+明星建筑师"模式。

1. 路易威登馆（Louis Vuittion）表参道分店

位于表参道中部南侧的路易威登，建成于2002年，设计人是日本新锐建筑师青木淳。自1998年设计路易威登名古屋分店以来，他已经设计了表参道、六本木、银座（2座）五家分店和一家纽约分店，每每出手都能给人意想不到的细腻表现。Brand集团评价青木淳"是个很好的倾听者，并不是简单的接受功能等基本要求，而是创作性的倾听。名品店必须适应很多人的要求，一种柔性的、可变的设计，否则就只能是妥协。他不仅做到了，而且没有一点工业化和经济化的东西附加其上。"

尽管为了跟集团利益取得一致，采用与品牌相符的旅行箱外观和路易威登特有的标识图案，但青木淳同时也在贯彻自己的设计理念，他认为"各种表现集合成一个实体存在，从实存中真正感受到多样的形式，是城市之所以为城市的根据。"曼哈顿让人感动的是那里有多样人种的融合，人们必须具有自己的视角，无数个视点凝聚在同一

9.3安藤忠雄设计的同润会青山公寓
10.11.方案效果图
12.表参道夜景
13.表参道店铺分布图

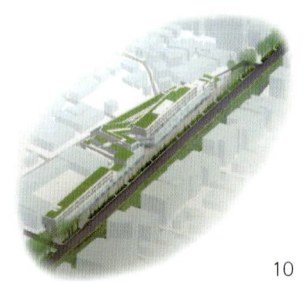

个实体上的感觉才是感动。表参道最为典型的特征是沿街两侧茂密的山毛榉树，但它只是客观存在，设计人考虑怎样能让人们从不同角度获得各自独特的感受。从店铺的一层到七层的不同位置可以看到不同尺度的山毛榉行道树：树荫，大片绿叶，缝隙，绿海……就像显微镜变换不同倍率一样。

2. Prada表参道分店

Herzog & de Meuron的建筑似乎向来非常明确，水到渠成。基于现场的分析，建筑师首先明确在环境相对杂乱的表参道末端建造旗舰店，没有足够的高度是不行的。其次，应将建筑退后，留出欧式公共空间，即使不来店购买的行人也可以驻足停留。再将建筑体形交给建筑规范，最后削成既像水晶又像普通民居的造型，这就是形成最终形态的合理解释。在他们大部分建筑中，都能看到对建筑表皮的追求，让结构处于一种"消隐"的状态，构造、表皮合二为一。Prada表参道店也同样如此，他们追求结构、空间、立面一体化的建筑：垂直核心筒、水平更衣间、楼板、网眼格子立面……目及之处（除了玻璃）所有都是结构、是空间、是立面。模糊了楼层、楼板、窗户、框架等等这些通常的建筑概念，从而使界面真正变成室内外空间之间的薄膜，而上面那些通常的概念则作为表皮的骨骼，脱离了人们的视线。

3. Dior表参道分店

这是总部设在法国的Christian Dior公司在日本建造的第一家分店，"必须有迪奥风格"——按照开发商的这一要求，SANAA建筑事务所的妹岛和世、西泽立卫在竞赛中脱颖而出。最终确定下来的是双表层，在高透明层压玻璃（Laminated Glass）内侧，装上裙褶状半透明压力板，两层之间设置照明。妹岛对媒体的解释是："迪奥的产品资料中有非常漂亮的带褶女装照片，因此联想到像布一样柔软的设计"。但是建成的房子和她以往做的任何方案一样，在熙攘的街上一眼就能感受到妹岛灵动的柔性。妹岛并没有丝毫的妥协和迎合，而是贯彻自己的思路。能说服业主接受这个方案，更加说明妹岛的设计不但领引着建筑界的风向也符合时尚界的潮流。对透明性的执着，最终体现在半透明的双层玻璃表层。里面到底有多大面积的卖场？被表达得非常暧昧，店铺内部的大小和进深都让人充满了想象空间。

4. TOD'S表参道分店

建于表参道一角的意大利皮靴箱包的TOD'S专卖

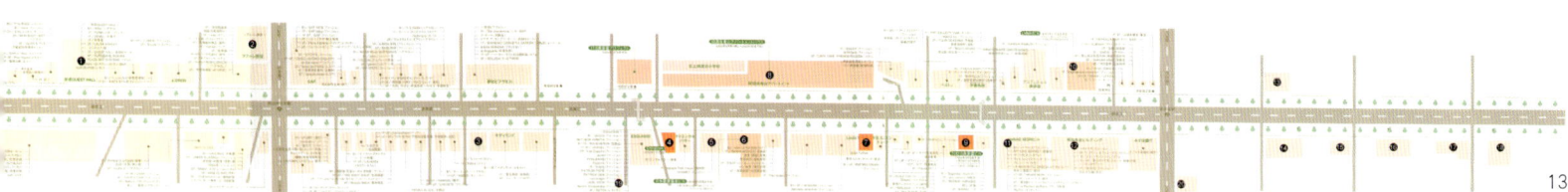

店，底层部分用作销售，上部用作办公、展览活动。伊东丰雄采用由一棵光叶榉树轮廓多次复制叠合成复杂图案，将用地围合起来，就形成现在看到的单一体量。由于主干和枝干的疏密不同将导致内部从一层到七层产生不同的空间气氛，并和内部空间需要产生柔和的对应关系。这种既像印刷又像构造的表层是通过300mm厚的混凝土和无框玻璃镶嵌而成，支撑跨度10～15m的空间，内部无柱，如此具象的树形，通常会被责问这不是简单的象征手法吗？伊东则认为树是自成一体的自然物，它的形状必定具有某种构造的合理性。文本化的树状图案和抽象的表层操作二者共存正是事务所工作的魅力所在，尤其面对此时此地的混凝土和玻璃林立的表参道，更具有奇妙的说服力。文本化和形式化的结合也是伊东事务所一直在探讨的问题，不同于以往的任何讨论。

三、几点心得

1 自然发生的性质转变

表参道自诞生以来，其性质发生着缓慢的转变，经历了地震和战争的洗礼，由最初的宗教礼仪大道，转变成住宅街区，再过渡到商住混合型，20世纪90年代后半作为聚集了上百家国际知名品牌实体店铺的表参道，一跃成为举世瞩目的时尚街道。这一过程无不与社会的巨大变迁有关：宗教—赈灾—战败—奥运会—泡沫经济等等，正是因为这样的背景，使得表参道从纯正日本的祭祀街道变成具有国际包容力、影响力的时尚街道。

环境、行为与文化之间的联系意味着当文化规则发生改变时，行为亦将改变，环境也随之互动。一条街道在漫长的历史中可以由居住街道转变为商业街道，不是因为人们故意把街道装饰成了橱窗和招牌，而是潜在的社会需要促成的——欲求促成改变。尤其当城市与外部力量越亲密接触，发生在本地的变化则越激烈。无论战争，还是奥运会，甚至在泡沫经济以后国外财团的介入都是重要的推动力。

如果没有文化规则的潜在变迁，没有西式居住文化的积淀，以及长达70多年的人气积累，难以想像如何在寂寞甘里尚祭祀大道掺入商业元素。而同样，如果在这样的变迁下，街道仍然要维持20世纪20年代的传统风貌，做什么仿古一条街，那也是十分滑稽的。当然，这里也不存在政府出面进行的一期二期整体改造规划。

2.特色鲜明

14. 榉树覆盖的Louis Vuittion表参道分店
15. Prada 表参道分店

表参道在东京是特色鲜明的，既不同于新宿大街也不同于银座大街，跟秋叶原和代官山也具有本质不同。

在日本年轻人当中分化为两派：晦暗的"OTAKU"族（沉迷于电脑游戏、卡通漫画的一类人）和追随欧美的时尚一族。年轻人生活方式的阶层分化，正是区分秋叶原和表参道两地的深层构造。时尚一族自信满满的自我意识与街道的透明化倾向有着深刻关系。西方建筑的总体趋势是逐渐透明化的过程：从封闭的砖石结构为起点，伴随新技术的登场开口部越来越大，现代以后特别是钢和玻璃技术的发展，建筑变得非常透明。而表参道就是崇尚西方文化的街道，年轻人的自我展现就是另一种意义的透明化。而从电器街过渡到电脑街的秋叶原，向来都是以Made in Japan自居。建筑相对来说则封闭得多，恨不得不开窗户，即便是现有的窗户也贴满了海报和文字。内向化的，无需向外展示的，需要埋入其中才能获得想要的信息，街道深层的展开是靠行家和熟人的接洽。

代官山地区曾经和表参道一样拥有同润会公寓的历史，不过随着店铺逐渐增多，很早便开始了一系列的整体开发和改造。槇文彦设计事务所设计承担了最为主要的一部分工作。从1968年至1992年经过25年的持续开发，经历了解读地方文脉—设计—设计再评价—设计的过程，体现了建筑师一贯的设计理念，真正实现了槇文彦关于"奥"的思想，店铺、住宅、公共空间，共同成就了"开放的复合化"典范。代官山是由一个设计师所设计的现代居住复合型街区的典范，建筑风格以及材料运用协调统一；而表参道则吸引了众多知名事务所、建筑师的共同关注，街道表层呈现丰富的表情。

3. 明星建筑师的参与

表参道模式反映了当前消费社会背景下一个普遍趋势：建筑师介入时尚营销。"顾客购买商品的同时也在消费店铺的设计，在此意义上建筑师也是为品牌销售做出一定贡献。时尚与建筑确实已经到了蜜月期。"建筑设计和店面设计曾经是不相容的，因为后者意味着装饰装潢。两者在消费社会的大背景下逐渐走近，其理由是"顾客审美更加洗练"，普通人对建筑产生了兴趣，艺术品位更加高尚。"审美洗练"表象背后的深层含义恐怕是哲学领域探讨的"审美泛化"。艺术经由工业设计而被引入生活的整个层面，汪洋大海般的影像和符号，生活和艺术的界限在

16. Dior 表参道分店
17. TOD'S表参道分店

消费社会已然消失，原本由艺术家承担并创作的启蒙性、拯救性的现代生活秩序已经崩溃。

Brand集团希望通过高品质的店铺设计影响销售，而建筑师则从中获得展示构想的舞台，二者互利互惠。Prada愿意委托库哈斯、赫尔佐格等建筑师来设计他们的时装店，这种关系也揭示出人们不再关心试图改变目前社会状况的建筑艺术，转而关心那些更能强烈地表现当今流行趋势的建筑形式。

4．一体化的开发模式

在获得表参道相关资料的过程中，作者发现不但原宿区厅舍（相当于区政府）拥有多少年来表参道建设情况的基本资料，包括地图、商业分布、店铺统计以及景观设计图文等，众多的民间组织提供了更为丰富多彩的资料。既有专门成立保护同润会公寓的网站，也有在表参道开店的店主们自发成立的自治性网站，还有表参道导游购物类网站等。维护表参道整体发展的背后组织是商业街振兴组合——"榉树商业会"。这是一个由街道商家共同组成的非营利组织。他们以"维护街道环境，给造访者带来乐趣"为目的，自1974年成立以来，进行美化表参道、宣传表参道以及组织街道文化生活等方面的工作，有效对抗了开发集团的野心。此外，生活类杂志也异常活跃。每月一期的《AOYAM-PRESS》，报道青山地区（表参道所在地）的最新发展情况，定期举行沙龙，邀请建筑师对街道、建筑进行品评，搭建了专业与民间、街道设计与街道使用的桥梁。

综上所述，对表参道各方面的观察和分析，可以得出这样的结论：一条充满活力的街道既是顺应自然规律、历史沉淀的结果，也是官方、民间、建筑师长期共同努力的结果。

作者单位：清华大学建筑设计研究院

从"自然村"到"城中村"
——深圳城市化过程的村落结构形态演变[1]

Form "Natural Village" to "Urban Village"
The evolution of village structure
in the urbanization process of Shenzhen

郭立源 饶小军 *Guo Liyuan and Rao Xiaojun*

[摘要] 在农村城市化过程中，众多类型的村落形态伴随着整个城市形态的发展与变迁。本文以深圳近现代村落演变为课题，论述了深圳村落的结构与形态从原生态的"自然村"、到工业性的"边缘村"、进而到城市化后的"城中村"一种自发性的结构演变过程。村落结构形态的变化作为一种城市化过程的"空间活化石"，对于认识农村城市化过程现代城市异质空间形态提供了非常直观现实的"标本"。全面、客观地认识村落形态演变的历时性与共时性的特征，对于指导农村村落向城市化过程的顺利转型具有重要意义。

[关键词] 村落形态 自然村 边缘村 城中村 城市化 异质空间 社会结构

Abstract: *During the urbanization process, villages of various types evolve with the development of the whole city. The author describes the transformation process, based on the research of the history of the villages in Shenzhen area. Villages changes from "Natural village" to "urban village" after the industrialisation, and to Village in City after the urbanization. The physical change of these villages provides samples to study the specific heterogeneous urban form as a result of the urbanization progress. To understand the history and the nature of the Village in city is of great help to guide the smooth transition of rural villages to urban space.*

Key words: *Village form, natural village, suburban village, Village in City, urbanization, heterogeneous space, social structure*

在深圳20多年城市化进程中，先后出现了三种不同形式的村落形态，即传统历史形态的"自然村"、城市化演变过程中的"边缘村"、城市化完成后的"城中村"，它们与深圳的整个城市发展相呼应，构成了现代城市空间的特殊样态。它们在现代与传统两种合力的作用下被扭曲分化、自生发展：一方面是传统的原生态村域结构在现代城市化大系统的作用下逐渐瓦解，其中吸纳了现代化所赋予的高效的城市设施，演变成一种新的城市空间类型和区域，另一方面，它又顽强地固守着某些传统所赋予的文化特征，在矛盾和冲突中寻求妥协发展的同时，衍化为一种城市社会空间的"异质形态"[2]。这就是深圳地区乃至整个中国的城市化过程所出现的城市发展图景。

本文试从社会学的角度，从村政管理体制的历史演变来看近代村落空间形态的变化，考察村落形制变化的内在逻辑动因，以论证农村城市化和现代化的过程，是一种复杂的社会变迁过程，是现代化的观念向基层社会渗透所导

致的权利控制与反控制的空间抗争。

一、村政管理体制的历史演变过程

香港学者吴理财先生曾经指出,中国传统农村社会始终存在着两种秩序和力量:一种是"官制"秩序或国家力量;另一种是乡土秩序或民间力量。前者以皇权为中心,自上而下形成等级分明的梯形结构;后者以家族(宗族)为中心,聚族而居形成大大小小的自然村落,每个家族(宗族)和村落是一个天然的"自治体",这就是我们所说的传统的"自然村"。[3]

明清以来,深圳地区的村落基本保持着早期"自然村"的原生状态。朝代的更迭,并没有使村政管理体制变革而发生结构性的大变化。而解放以后的"土地革命"、"大跃进"、"人民公社"等几次重大的社会政治变革,对地方村落的控制产生了极大的影响,传统村落的宗族组织在一定程度上被瓦解和打破,村落宗族组织的管理职能为"人民公社"的行政组织所取代,但这并没有从根本上动摇和改变村落的空间结构形态,真正对村落空间形态起到破坏作用的力量,还是改革开放之后的市场经济时代现代化、城市化的规划力量。

1980年深圳经济特区建立,深圳作为改革开放的试验田,担负起农村城市化和现代化的历史责任。1983年"人民公社"制度废除之后,城乡二元体制的逐渐打破,户籍制度以及相关制度的松动,城乡交流开始活跃。随着经济高速增长,深圳行政区划也作了相应的调整。1992年,撤销深圳市宝安县,在特区外设立深圳市宝安和龙岗两区,保留了18个乡镇基层政权。特区内68个行政村已全部撤销,相应建立100个居民委员会、合作制集体股份有限公司,政府一次性把特区内农民的户口都转成了城市户口[4]。2003年深圳宝安、龙岗两县正式开始了城市化的过程,下辖各村也全部实现了社区化管理,村民也转换身份成为市民,并享受上了与市民一样的养老保险、教育等保障性待遇。宝安、龙岗的城市化工作涉及两区的18个镇、218个行政村的27万多村民。至此,深圳市成为我国第一个没有农村行政建制和农村社会体制的城市[5]。"城中村"已经成为一种历史的称谓,不再具有"传统意义上的村落"的概念。这个过程恰恰反映了"村落行政体制"的变革,而揭示了自然村与行政村的历史真实属性。

纵观深圳村落行政体制的变化,从清末民国时期传统"官制"的失败,到前现代时期的"乡村政权",20世纪早期"乡村经纪人体制",至新中国成立过渡时期的革命、建政与乡村改造,再经由人民公社"失衡的政治结构",到新时代的村委会和"村民自治"更替以及各不同村政时期的村落形态在时间的维度的演变特征,大致可以勾勒出深圳村政体制的发展脉络,以及与村政体制和社会空间结构特征相对应的村落空间形态的变化。

2. 传统村落空间
3. 传统村落中的街巷
4. 自发改建时期的城中村

从历史发展的轨迹来看，农村城市化过程中，体现在国家和政府对农村的不断从体制上采取控制与协调的政策，利用城市的基本设施改变了农村土地性质和空间形态，使得原有村落行政管理体制上从原有的"自然村"逐渐过渡到城市的"居委会"和"街道办"，而村落形态在城市的包围圈里，逐渐演变出一种新的但与城市空间结构不相吻合的"城中村"居住空间形态。这种"城中村"的转化过程，一方面是部分保留和延续了传统村落的固有形态和遗痕，另一方面又变化转型而成为一种"非城非乡"异质空间形态特征。

在近代历史的演变过程中，"自然村"和"行政村"也许只是两种控制与抵抗的权利象征性力量：一方面"自然村"从来就没有完全摆脱过行政渗透与控制；另一方面"行政村"也从来没有完全和真正取代"自然村"自治属性。深圳的城市化运动，也许是从根本上打破了地方控制的传统村政体制，并从空间规划上瓦解了村落原有的结构形态，但这种瓦解和破坏也并不是十分彻底的，在目前深圳的宝安、龙岗两区城市化运动，实际上是政府和地方两者之间的控制与反控制过程，所导演出的城市形态实际上是一种畸变无序的城市形态，这种转变的代价也许是原有的社会空间正逐渐瓦解，历史所赋予的传统乡村人文景观在发生畸变并被重组改变，而形成了某种不确定的城市社会空间结构，即"城中村"。

二、村落结构形态的并存与演变

从深圳市1980~1998年的地图可以更为直观地看到深圳城市版图由建市时的3.8km²扩展到今天的2020km²。深圳城市空间发展过程反映了大城市空间增长的一般规律。改革开放后的20多年，城市建设迅猛发展，其建成区域已由原来的宝安小县城区域扩张到今天的大都市；整个城市空间脉络则由原来的渔村发展扩张到今天的纵横交错复杂的城市空间。在城市建成区的过程中，原城市化所覆盖的村落则随着城市的扩张不断被纳入到城市范围，城市化对城市边缘的村落形成了强大的辐射力。

从城市的地图板块上，当然不难发现那些呈不规则形态变化的村落形态，散布在城市当中，构成与现代城市规划下的城市肌理不相协调的异质形态。从历史角度而言，大体可以描述出城市化过程的村落空间的三种样态：即"自然村"、"边缘村"、"城中村"，而从空间的角度，这三种村落空间形态又同时并存于城市版图中。从纵向的历史和共时性的结构角度来比较和分析三种村落形态的同质性或差异性，无疑可以让我们清楚地看到村落在城市化过程的形态演变特征，同时体会其中所特有的种种社会学意义和问题。

"自然村"：传统族群社会空间的历史遗存

"自然村"是历史上所形成的以宗族血缘关系为纽带的特定农民群体在世代生存的土地上所形成的空间聚落。据史料记载，深圳本土聚落主要由客家人、广府人、潮汕人三大民系组成：其中客家人多分发在多山岭临海的龙岗、横岗、坪山、坪地、坑梓等区；广府人则分布在深圳的罗湖、宝安、龙华等区；潮汕人则为20世纪70年代末的新移民。以上原住民群体主要有两种传统居住的村落

形式：一种为陆上的聚落，一种是靠海的渔村聚落。现存的客家聚落和其他式样的聚落，是深圳移民文化的重要标志之一，是深圳明清以来经济和文化发展的历史见证，也是本文所研究的原始村落"标本"。据史载：清廷颁布的"迁海界"招垦令，导致闽、粤、赣等地客家向粤东沿海大规模的第四次客家移民迁徙，当时的深圳属复界区，是客家移民地目的地之一。早期深圳的客家人居住地多属山地丘陵，客家先祖迁徙移居开拓疆域，在荒莽的大地上形成了一个个聚落村寨，世代人共处一域，同宗同源，血脉相联，组成了中国社会典型的宗法社会关系，自然村落及其建筑的形态则充分反映了这种宗法社会结构的理想图式：客家人的聚居建筑在选址、建房的时候秉持风水学说，与自然环境和谐相处；建筑布局按昭穆等级制度，讲究尊卑高下之分。这种建筑内在的社会学意义，一直延续继承对后来村落建筑的发展仍产生很大的影响。

古老的民居保留了历史的价值，见证着深圳早期历史的存在，客家老屋作为深圳这个年轻城市宝贵的文化遗产，在现代化城市中展示了其独特魅力，暗示出其背后的特定的历史人文背景和地域性的建筑文化。但值得注意的是，"现代化"的进程也在加速着这些客家原生态聚落和建筑的衰败，自然村的居民在商业的诱惑下，正如B·韦伯曾经指出："现代化的过程是系统吞噬原有传统社会的过程"。面对城市化给中国社会所带来的巨大变革，也许我们在付出更沉重的历史代价。

"边缘村"：城市化变迁的中间过程

"边缘村"是指地域空间意义上的相对于城市中心区而言的"边缘"村落区域概念。由于城市化的过程是以"城市包围农村"为基本特征和发展趋势的，在城市与农村的交接区域形成了问题错综复杂的"边缘社区"，传统村落在这一区域地带主要面临着城市化的压力，处在转型变化的过程，新旧轮替，百废待兴。同时它也是城市化过程遗留下来的难以泯灭的空间痕迹。这种"边缘村"相对于城市中心构成了异质的空间肌理形态，却又从文化意义的层面上，构成了对城市化和主体城市空间的瓦解和破坏，因此具有了一定的"边缘"文化特性。这对于理解城市空间属性，衡量城市发展状态和模式，全面而准确地把握城市空间发展的独特性具有明显的价值和意义。

深圳特区总体规划实施至今，经过多年的发展，原先特区内的劳动密集型工业区已不再适应新的工业发展战略的需要，特区内的工业必须外迁到关外，城市用地必须扩展到城外地区。工业用地规划的制定一方面为特区拓展了空间，另一方面则使特区外的村落面临着大量农田被征为非农业用地以及村落形态的变异。城市交通是城市化的重要组成部分，通过交通"触角"的伸展，城市空间得以不断向外延伸。深圳通过所谓"一横八纵"、"二横十六纵"和轨道交通路网，迅速把特区内外有效联系起来，受到交通建设刺激及城市开发影响，城市建设用地沿107国道和205国道向外串珠式扩展到宝安和龙岗两区，在自然条件和交通区位优越的宝安区吸引了更多的工业安家落户，不但缓解深圳中心区的交通压力，而且带动了当地的经济。但与此同时，大规模的城市交通建设不但占用了大量的土地，而且其排山倒海的气势也对传统地方居住空间形态产生巨大的威胁，为城市周边的村民带来希望，也带来困扰。

1992年的撤县建区，保留了宝安、龙岗两区内的一级乡镇行政体制，这种行政构架还只是附着在村政体制上的权力薄网，村落经济体仍为地方经济的主体。村落经济体主要表现在：1.在以传统劳动力密集型产业为主的乡镇群[6]；各乡镇产业结构趋同，行政体制为各乡镇的合作与竞争提供了可能；2.与特区外乡镇居民有着重要的血缘和地缘关系的侨民，改革开放之后纷纷在农村家乡投资办企业，大量的收入水平每年有所提高，完成上级布置的经济增长任务，保障辖区内治安、绿化、教育、安全、市政道路等设施的正常运行。这种以"自然村"为单位的属地建设是农村集体经济自下而上开发模式的基本特征：各自为政的土地开发建设与自然村的空间形态分布相一致，呈现出"村村点火，户户冒烟"的遍地开花态势。

早期的边缘村落，其空间形态体现富有传统村落空间特色的自然生态结构，在"乡村自治"和工业进村的情况下，新的空间秩序在一定程度上打破了传统村落依靠的血缘、地

6. 岗厦村
7. 水贝村社区形态分析
8. 湖贝新村社区形态分析

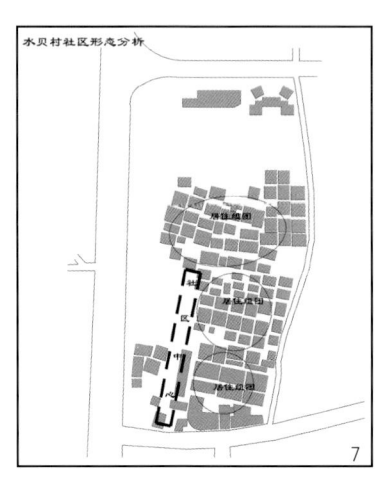

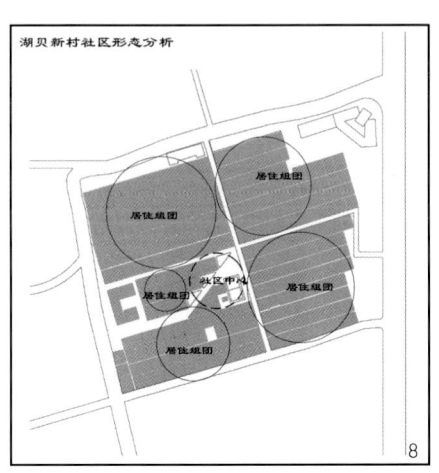

的劳动力密集型产业聚集在特区外，促进了特区外经济发展，并带动了特区外城市化进程[7]。但是随着深圳城市的高速发展，经济的发展与行政体制滞后产生了某种内在的矛盾，即特区外的资源在更大范围的配置与重组受到了乡镇行政区划的刚性约束，土地的属性和边界与行政管理的边界不相符，与政府的应有的职能和责任不相符合。"土地二元管理体制"下的土地的低效利用阻碍了城市更大范围内的资源整合和结构优化，区域内土地、资金、劳动力等生产要素资源无法形成有机互补的关系，影响了特区外的城市化进程。

特区外边缘村落凭借地理的优势与低廉的地价，吸引大量的"三来一补"企业来此落户。村集体通过招商引资获得大量的资金，成功地发展了乡镇企业，即通常所说的"筑巢引凤，借鸡生蛋"。村组织在解决了集资建房和征用农民土地的问题，大胆引进股份制，实行土地入股后，大多数土地转变成了厂房、仓库、停车场、道路等"物业"，并出租给外商。物业的管理和经营（主要是厂租）是村集体的主要经济来源，村里统一规划、设计、建筑和管理的新村为农民获取了丰厚的经济回报，扫除了对发展非农经济的思想顾虑，加快了"田产"变"物业"的进程，也加快了村落的工业化进程。乡镇企业的成功崛起成为乡村经济发展的"内源性力量"。在"镇——行政村——自然村"三级基层组织划分中，集体土地的所有权主要集中在自然村手中，村委较为"合法"地把农业土地转变为非农业土地，用以保障了村民

缘的空间格局。由于经济的自发性增长，工厂区在村落的聚居区域边缘直接扩展出来，大量的农业用地转化为工业用地盖房建厂，造成居住用地与工业用地犬牙交错，村落规划的功能分区混乱，村落的边界变得模糊不清，居民生活的环境由于工厂产生的大量废弃物：如噪声、污水而受到影响。传统的村落自然有机的营建布局在工业化的产业规划布局中逐渐解体，但一些原有的社区空间形态仍保留下来，如村落的道路系统、宗祠学堂，等等。

"城中村"：城市的异质空间形态

"城中村"现代城市发展中的特殊产物。它并不像"自然村"那样是一种历史遗存，它是现代化进程的一部分，只是与人们所理解的"现代化"城市建筑有所不一样，它是一种不确定的"异质"空间形态。但这种"城中村"的异质空间形态，保留了某种内源性的村落结构形态，特别居住在其中的原住民，始终在按照自身对现代化的理解进行着"现代村落"的改造或建设。"城中村"是在急剧的城市化过程中，原农村居住用地和房屋等生产生活要素，以及人员和社会关系等就地保留下来，没有机会参与新的城市经济分工和产业布局，仍然以土地及土地附着物为主要生活来源，以初级关系（地缘，血缘关系）而不是以次级关系（业缘关系和契约关系）为基础形成的社区。正如李培林所说，"城中村的外部形态是以宅基地为基础的房屋建筑的聚集，实质是血缘地缘等初级社会关系的凝结"[8]。

据资料统计,在深圳大大小小分布着173个城中村(特区内),约10万栋的原住民房,建筑高度为5~8层,面积总量逾1亿平方米[9]。从某种程度上讲,城中村的形成历史与改革开放后深圳的城市发展的历史两者之间息息相关,深圳的城中村按照修建时间划分为以下三类。类型一：解放前甚至更早时期修建的岭南民居特色的老式住宅。以南山区南头老村、罗湖区湖贝村、黄贝岭等为典型,村落中分布着大大小小几十个宗族祠堂与庙宇,如南园村的吴氏宗祠,双洲吴公祠、镇国将军祠等；类型二：20世纪80年

研究表明,深圳市的城市化过程由于其特定的社会政治经济发展的阶段性特征,实际上是一种不完整、不确定和动态变化的发展过程。在这样大的背景之下,村落空间结构形态演变也就适应其特点,体现为与理想的规划思想不相吻合的自发性的发展过程,形成了与现代城市空间肌理相冲突的异质空间形态。从城市规划学、城市社会学以及建筑历史的研究角度,把"村落结构形态的现代化"看成是城市化过程的一个复杂的阶段或片段,充分地认识从"自然村"到"城中村"的城市空间形态演变过程,以及

9.田贝新村社区形态分析
10.泥岗村社区形态分析
11.清庆新村社区形态分析

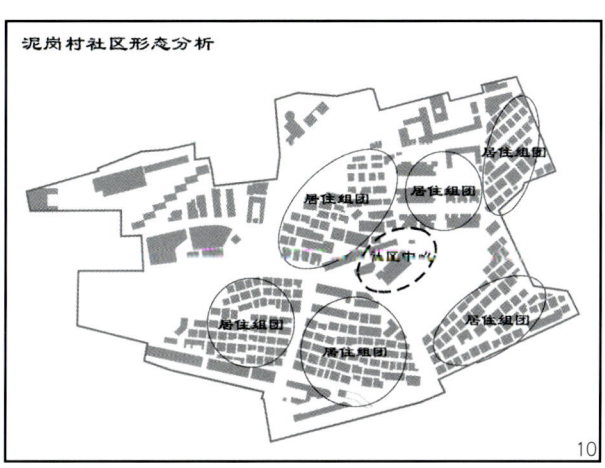

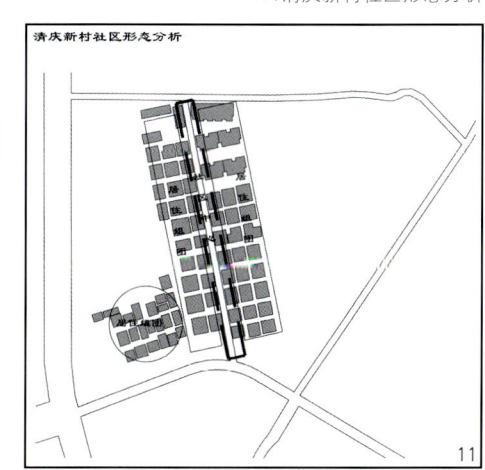

代初深圳建立特区时仿造内地居住区模式修建的兵营式6~7层的多层住宅,这种住宅间距比较大,日照、通风条件较好,内部户型平面布局、功能等仍然处于80年代的水平,虽然外观比较陈旧,但是仍然具有相当的使用价值,出租给外来的打工阶层和移民群体。新移民群体结伴同行,选择城中村作为聚居地,怀着共同的致富理想,从事着相同的职业工作,以同乡同族的乡缘关系为纽带,在异地他乡构筑新的生活环境,形成了特定的族群社区空间,也给当地传统的村落注入了新鲜的活力,也明显带有流动人口的临时性特征；类型三：20世纪年代以后村民陆续自己修建的住宅。这部分住宅占了深圳市区内城中村住宅的大部分,此时政府已加强对城中村控制,增加了审批的难度,但原住民常常选择不报建,直接违章修建楼房。监察制度的不完善使得这种情况愈加蔓延,到1999年为止,罗湖区城中村违章建筑数量便占总在建数量的70%以上[10],"握手楼"和"一线天"即为此种类型。

"城中村"作为一种现代低收入人群的居住方式,在一定的历史时期,它以廉价房的出租降低了深圳的居住成本,进而间接提升了深圳的竞争力；由于涉及许多现实的利益纠葛,还涉及到土地产权问题、规划问题、拆迁补偿问题,城中村改造变成了一道难题,即20世纪90年代形成的历史遗留问题演变为现时性的问题。

城市化：一个不确定的发展过程

所遇到的各种内在的复杂性和矛盾性,强调城乡变革过程的形态变异的必然性及其内在积极的社会学意义,对于我们理解城市社会和历史的发展规律,有着十分必要的学术价值和历史意义,也对深圳预测和导引未来城市的可持续发展将具有十分重要的意义。

在农村城市化过程中,城市与村落之间的关系随自然地理条件、社会政治经济、历史人文(城市化)等因素的变化和影响,在形态上发生了根本的变化。在村落形态与结构的演变过程中,村落空间形态秩序控制力量随社会结构的转变而发生了关联性变化。

深圳城市化进程中的村落形态演变可以从时间和空间两条轴线来加以概况,对上述三种村落形态演变的考察和分析可以得出以下结论。从纵向的历史时间和横向的片断空间来看,城市化过程的村落形态演变在时间上和空间上实际上是走过了从"自然村"到"边缘村"再到"城中村"的过程,表现为城市由内向外推移,城市空间的边缘化的扩展,城市边界的模糊,到原生村落结构的破坏,传统景观的消亡,至到城市空间的异质化"城中村"的生成,这三种村落空间形式又在现时得以并存。

深圳目前的城市及其外围所形成的"自然村——边缘村——城中村"的城市空间格局,是城市化过程在空间上的现实样态,亦反映出其变化和不确定的过程图式,即村落在地理空间位置上相对于城市的变化,反映了农村城市化过程其实就是城市向外扩张的过程,是现代化的控制与

12.村落空间印象
13.交往

反控制的空间权利抗争的图式化表现。

值得注意的是，在这种历史的演变过程中，农耕时代以自然生态结构为原型的村落空间和相应的宗法社会控制体系，随着"土改运动"、城乡分化和城市化推进以及现代化工业的嵌入而逐渐瓦解，导致了农业耕地的消失、农民身份的转变、村落形态走向没落。但是村落形态的某些方面（物质形态的宗祠，精神层面的祭祖）依然顽固地传承下来，呈现出其时代和地域上的文化特点，最终演变为一种城市不确定的"异质"居住空间形态。

城市化过程的三种形态村落，从一开始就是围绕着土地使用制度展开的，由于改革开放后土地使用由无偿变为有偿，使得土地成为城市政府增加财政收入的一个新来源，在经济"过热"的时候，往往出现土地划拨失控，而边缘村落则利用征地补偿费用发展经济进行建设，二者公共促成村落共时形态的生成。当城市化进程中原始的自然村落走向没落，边缘村落的土地"粗放型"开发利用，"城中村"异质空间形态的产生，构成了某种现实的社会问题。

80年代以来，在改革开放与城市化口号下，现代城市理论开始大规模地进入乡村社会，在"城中村"的城市化改造中，政府自上而下地实行村落改造仍在进行着。但是这一努力远未获得成功。美国学者大卫·格里芬教授在其《后现代科学》一书中曾经说过："中国可以通过了解西方世界所做的错事，避免现代化所带来的破坏性影响。中国城市走可持续性发展的'后现代化'道路，包括经济的可持续发展和社会的可持续发展，后者包含文化的可持续发展，进而包含社区文化建设的可持续发展"[11]。

参考文献

[1]饶小军,邵晓光.边缘视域：探索人居环境研究的新维度.城市规划,2001(47)

[2]饶小军.族群社会与百年世居——龙岗坑梓镇黄氏宗族及村围考察报告.建筑学报,2001(4)：p59~63

[3]顾朝林.简论城市边缘区研究.地理研究,1989,第八卷3期

[4]杜杰.都市里村庄的世纪抉择.关于深圳市罗湖区原农村城市化进程的调查报告.城市规划,1999(9)：P15~P17

[5]王德.深圳市罗湖区"城中村"居民的居住意识分析.规划师,2001(5)：P86~P90

[6]段川.深圳居住异质空间形态研究.深圳大学研究生论文,2004：3

[7]聂敏.深圳特区流动人口弱势群体聚居空间环境研究.深圳大学研究生论文,2004

[8]沈新军.深圳市城市化进程中的屋村研究.深圳大学研究生论文,2004

[9]吴理财.村政的兴衰.世纪中国.(http://www.cc.org.cn/) 2001-08-15

14. 交往
15. 空间意向

[10] 莫里斯·弗里得曼著. 刘晓春译. 中国东南得宗族组织. 上海：人民出版社, 2000, p2

[11] 刘丽川. 深圳客家研究. 南方出版社, 2002.6 p41

[12] 刘永红. 行政区划和城市化—以深圳特区外为例. 中外房地产导报, 2003(11): p5

[13] 龙华史志. 深圳市规划国土局, 2000

[14] 李培林. 巨变：村落的终结—都市里的村庄研究. 中国社会科学, 2002(1)

[15] 李昭. 城中村改造思路的思考. 安徽建筑, 2001(3)

[16] 丁四宝. 深圳建设现代化国际性城市与"梳理"：理论依据与战略措施的探讨. 脑库快参, 2004(22): 总第072期

[17] 杨耀林. 深圳近代简史. 文物出版社, 1997年6月

注释

1. 本文为国家自然科学基金资助项目《深圳——典型城市流动人群聚居环境研究》（项目编号：50078033）子课题项目之一。

2. 段川. 深圳居住异质空间形态研究. 深圳大学研究生论文, 2004.3

3. 吴理财. 村政的兴衰. 世纪中国, 2001-08-15

4. 深圳特区报, 2002-11-03

5. 南方都市报, 2005-03-01

6. 深圳作为香港的后方基地，承接了香港的传统制造业的转移，特区外土地成本低廉，有着足够的人力资源，创造了适宜于传统劳动力密集型产业生存和发展的最优环境。

7. 刘永红. 行政区划和城市化—以深圳特区外为例. 中外房地产导报, 2003(11): 5

8. 李培林. 巨变：村落的终结—都市里的村庄研究. 中国社会科学, 2002(1)

9. 金城, 陈善哲. 深圳全面改造"城中村" 2004-8-17网址: http://www.people.com.cn

10. 王德. 深圳市罗湖区"城中村"居民的居住意识分析. 规划师, 2001(5): 86~90

11. 大卫·格里芬. 后现代科学. 中央编译出版社, 1998-01

作者单位：深圳大学建筑与土木工程学院

居民视野中的历史街区保护与改造
——以襄樊市陈老巷历史街区为例

Historical District Protection and Renovation in the Eyes of Tenants Chenlaoxiang Historical District, Xiangfan

彭剑波 Peng Jianbo

[摘要] 本文以湖北省襄樊市陈老巷历史街区为例，通过居民参与式的调查研究，从自下而上的视角系统阐述了历史街区保护与改造中需要解决的关键问题，并在此基础上探讨了历史街区保护与改造的有效策略。

[关键词] 历史街区 社会问题 改造策略

Abstract: *This article took "Chen Lao Xiang" history street block as an example, based on the investigation with the inhabitants' participation, the author pointed out the key questions and effective solutions in the Protection and Reconstruction of Historic Street Blocks from the residents' perspective.*

Key word: *historical block, social problems, reconstruction strategy*

与过去以保护神社、寺庙等纪念物为中心的文化保护有很大的不同，以保护历史街区为中心的历史环境保护更需要关注历史街区内的居民生活，需要以保护该地区的居民生活和社会网络为必要的前提。传统的以技术取向为主的保护，也需要向从社区居民参与的角度出发，关注居民生活，保护地方特色，维系社会网络，塑造聚居形态，改善生活环境品质的新型保护模式转型。

本文将以湖北襄樊市陈老巷历史文化街区调研[1]为例，系统分析居民视野中的历史文化街区保护与改造中需要重点解决的问题及相关策略。

一、陈老巷历史街区的概况

陈老巷位于湖北省襄樊市樊城区磁器街和汉江大道之间，呈南北走向，是襄樊颇负盛名的历史街区。陈老巷长约200多米，宽3m多，房屋多是砖木结构的旧式平房与铺板门面，曾是樊城最繁华的商业街，主要经济小百货和手工业商品，陈老巷犹如汉口的"花楼街"。虽陈老巷商业现已没落，变成了居民住宅区。但这条街保存还尚好，昔日的繁华景象仍依稀可见，具有较高的文物、旅游价值和商业价值，非常值得保护和改造[2]。

陈老巷地区历史价值突出体现在它的街巷格局，是由码头—街巷—行会—城市构成的纵深体系，是由社会空间到城市空间的生动样本，非常值得去维护与保持。

二、街区建筑的现状：

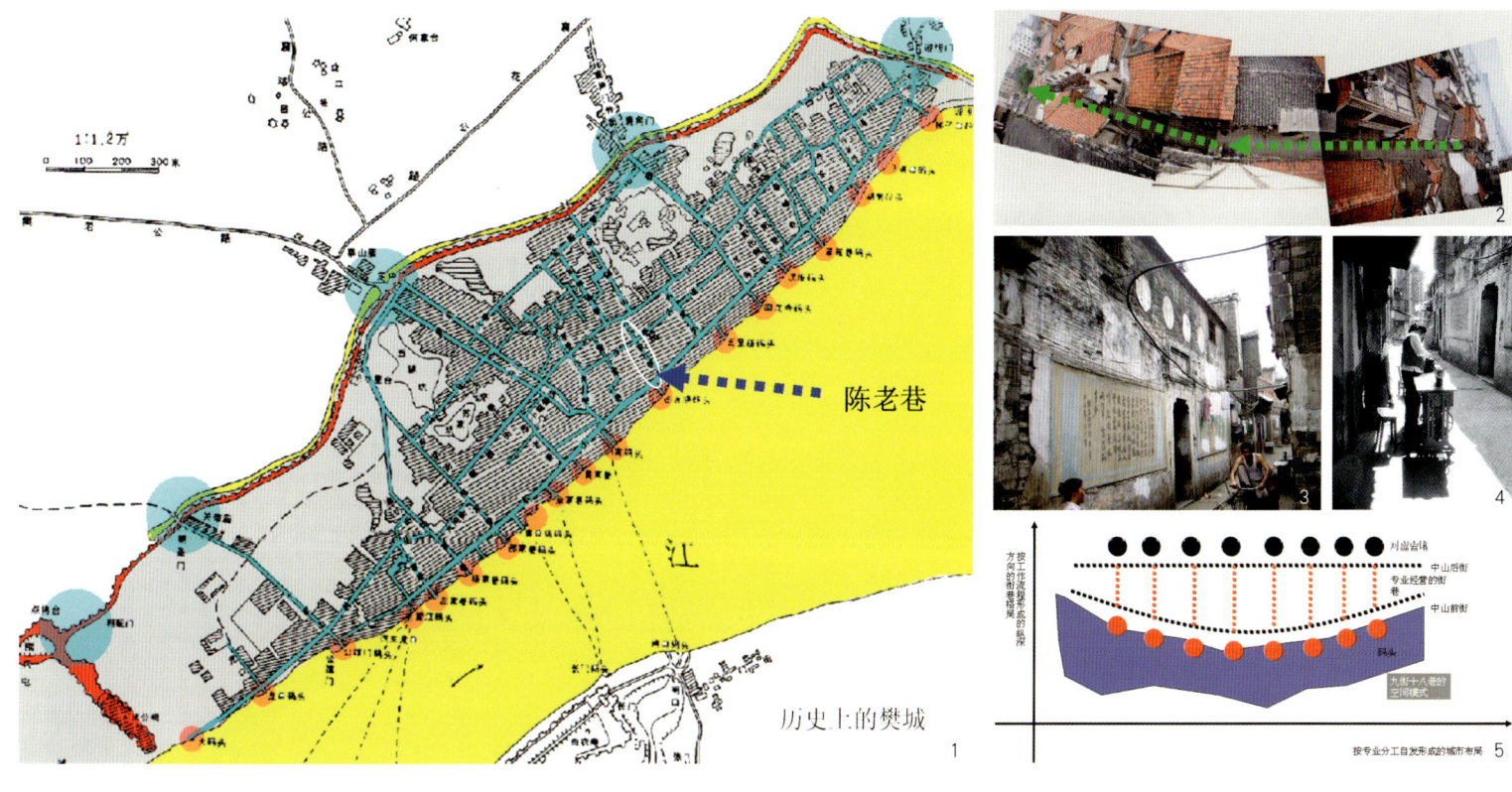

1. 历史上的樊城及陈老巷历史街区所处位置
2. 陈老巷鸟瞰图
3. 陈老巷里的老字号
4. 陈老巷里的居民
5. 陈老巷历史街区的街巷格局分析图[3]
6. 陈老巷历史街区建筑风格调查结果
7. 陈老巷历史街区建筑年代调查结果
8. 陈老巷历史街区房屋产权调查结果
9. 陈老巷历史街区建筑质量调查结果

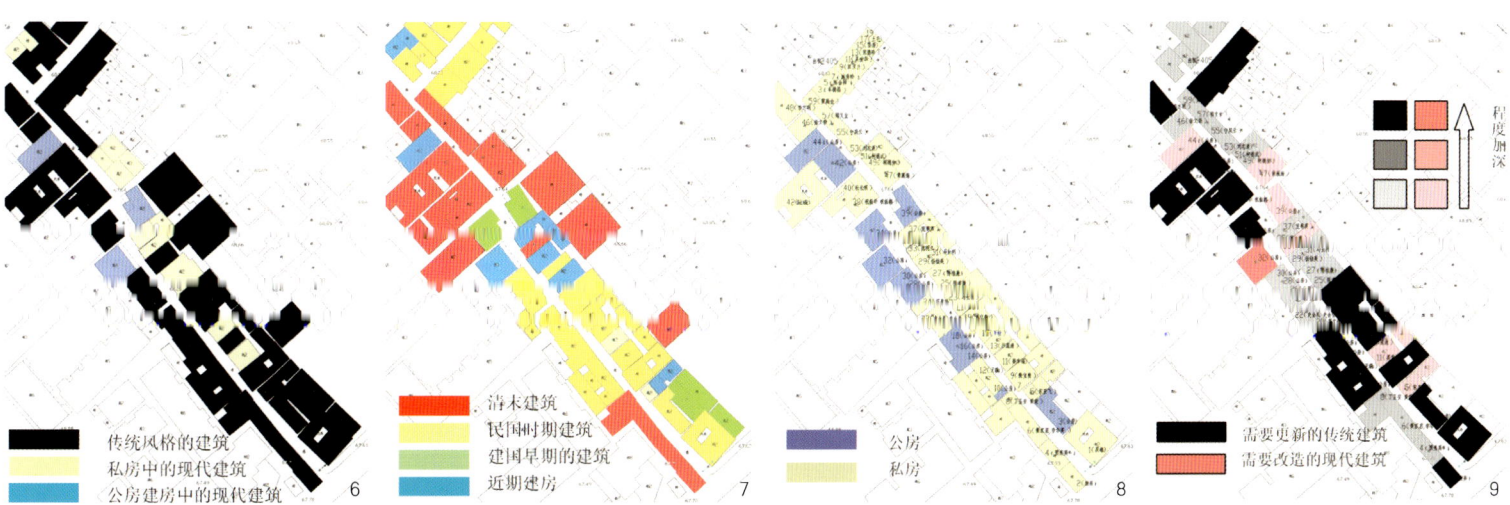

从房屋产权来看，19户居民住的是公房，其他49户居民住的私房。从房屋建成时间来看，陈老巷街区的房屋中76%是解放以前建成的，其中陈老巷42号院是清代的建筑。17%是20世纪80~90年代新建、翻建的，只有7%是1991年以后建造的。从房屋结构来看，陈老巷街区的房屋中78%是砖木结构，22%是砖混结构。从房屋高度来看，陈老巷街区的房屋除了3间平房外，一栋环卫局的五层楼房之外，其他都是两层砖木或者转混结构的房屋。

三、居民社会经济现状调查

1. 调查样本概况

本根据社区居委会的登记资料，陈老巷街区（包括陈老巷街和小磁器街在内的区域）共有68个门牌号码，其中陈老巷59个，小磁器街9个。总的户籍人口174人，其中男性114人，女性60人。因为居民不在家、拒绝访问、没有时间等等诸多原因，有部分住户没有成功访问，实际发放到35户人家，每户一份问卷，总计35份问卷，最后回收有效问卷26份，有效回收率74%。

2. 人口学特征

从样本的年龄结构来看：60岁以上的老年人的比例最高，其次是41~50岁的中年人，年龄结构基本和陈老巷街区人口的实际年龄结构相符。

从样本的家庭结构来看：老年夫妇两人构成的空巢家庭以及三代同堂的四人主干家庭是本地区主要的家庭结构，也有少数一些人口较多的联合家庭。

3. 社会特征

（1）文化程度：本街区居民的文化程度普遍不高，老年人大多是小学文化程度，中年人以初中、高中文化程度为主。

（2）职业结构：本街区的55%的居民是企业工人，14%的居民是个体户，10%的居民是机关干部。值得注意的是：无业、待业居民和小手工业占陈老巷街区总的户籍人口的19%。

（3）居民收入

有稳定工资收入或者退休金收入的居民不到50%。大部分家庭的收入来源不稳定，有一小部分家庭依靠在小巷里经营的小店维持生存，不少人依靠低保维持生存，老年人主要依靠退休金来维持生活。

居民家庭收入绝大多数都在1000元以内，尤其值得关注的是，有56.5%的被调查者的收入在500元以下，个别居民的家庭月收入在100元以内。

73.7%的被调查者每个月的伙食占收入的50%以上，当前居民的温饱问题还是主要问题。总的来说，陈老巷的居民大都是城市中的低收入者，属于非常贫困的群体。

4. 居住现状

在此居住的时间，都在5年以上，最长的达到70年，不少人是从少年开始在此居住。

从居住面积来看，57.7%的家庭居住面积在50m²以内，人均居住面积为14.66m²。住房成套率很低，很多家庭没有独立厕所、厨房、浴室。有不少家庭的厨房设置在住房内、过道里、巷子里。当地居民的出行主要以步行为主，自行车、摩托车也是重要的日常交通工具。

在住房方面存在的问题突出表现为："没有独立的厕所和浴室"、"危旧房屋多"、"潮湿"、"虫鼠太多"、"住房面积太小"这五个方面。

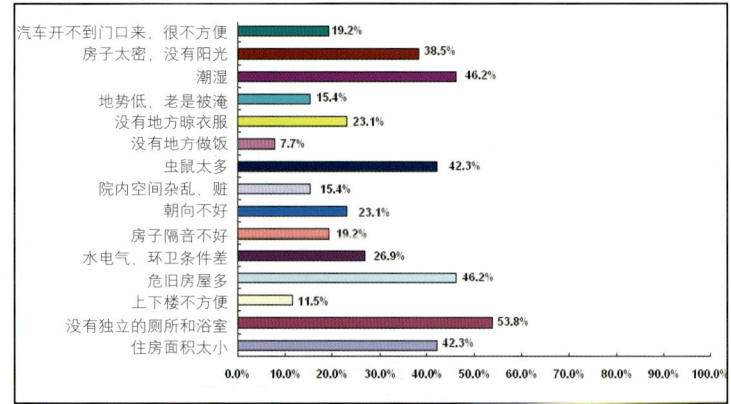

10. 陈老巷历史街区居民在住房方面存在的主要问题（多选）

在居住环境方面存在的问题：最突出的是房屋质量问题，73.1%的居民对此有同感。其次是火灾隐患（34.6%），再次是周围过于嘈杂（23.1%）。此外，因为陈老巷街区有一些房屋出租，人口流动性比较大，治安方面也存在一些不足。在深入访谈以及和居民座谈中，公共厕所也是当地居民反映比较突出的问题。

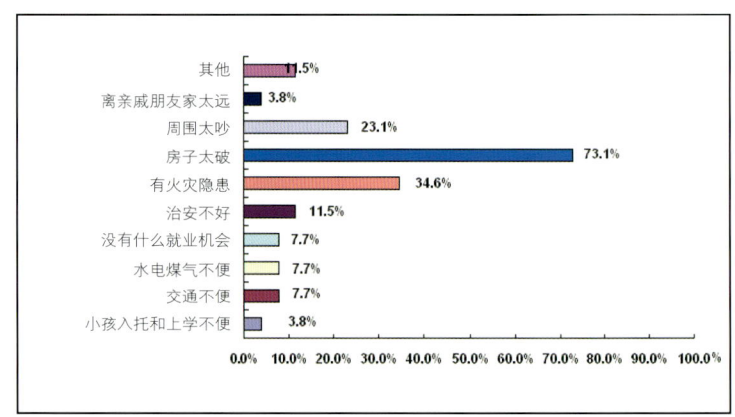

11. 陈老巷历史街区居民在居住环境方面存在的主要问题（多选）

在访谈中我们还发现：陈老巷街区的房屋配套设施很不完善，房屋成套率非常低，基本不成套。

街区的人居环境方面凸显出来的问题也对部分居民的居住意愿产生了影响。部分居民不打算在此长期居住主要是因为受到老房子房屋质量和配套设施差、街区环境卫生差、商业服务设施不足的影响。

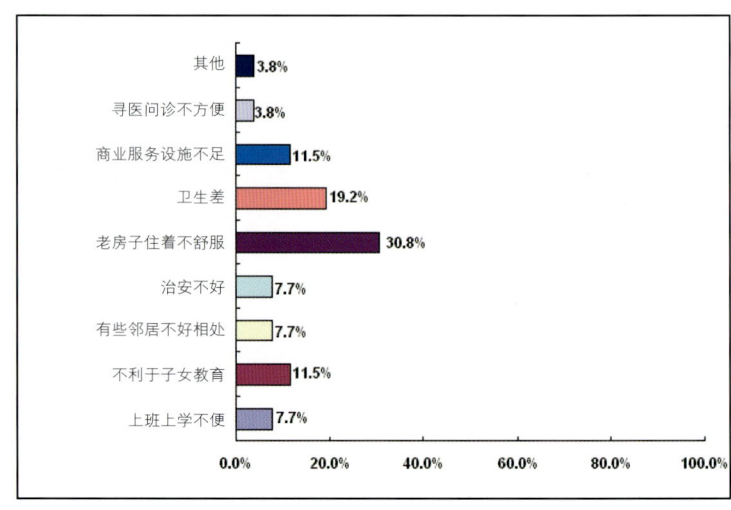

12. 陈老巷历史街区居民不打算在此长期居住的原因（多选）

13. 居民代表在发言
14. 笔者在做会议记录

四、居民改造意愿[4]

(1) 改造方向

大部分居民还是希望陈老巷街区改造之后仍然作为自己居住使用。还有15.4%的居民希望将陈老巷改造成商业街，至于商业街的风格，他们建议改造成类似荆州北街那样的仿古商业街。总的来说，居民比较支持"商业+居住"的模式，拉近陈老巷历史街区和沿江风光带的关系，使它进一步融入沿江风光带，成为其一部分，使陈老巷重新焕发生机。

如果改造，您认为陈老巷改造成什么比较合适？　　　　表1

		意见数	百分比	有效比例	累计比例
有效意见	还是自家住	12	46.2	48.0	48.0
	商业街	4	15.4	16.0	64.0
	居民楼	2	7.7	8.0	72.0
	沿江风光带的一部分	5	19.2	20.0	92.0
	没想过，听政府的	2	7.7	8.0	100.0
	合计	25	96.2	100.0	
无效意见		1	3.8		
合计		26	100.0		

(2) 改造方式

"最好保持本巷的原始风貌，适当维修危旧房屋，不要大肆改造，保持历史房屋。"

41.7%的调查对象希望适当维修房屋，改善水电气、下水道等基础设施以及街区的环境卫生状况。进行适当的商业开发，也受到1/3居民的欢迎。

您希望本地区采用何种改造方式？　　　　表2

		意见数	百分比	有效比例
有效意见	不需要改造，维持原来的样子就好	4	15.4	16.7
	适当维修房屋，改善水电煤气、污水管道，垃圾收拾干净	10	38.5	41.7
	进行商业开发，并且补偿居民	9	34.6	37.5
	无所谓，看情况	1	3.8	4.2
	合计	24	92.3	100.0
无效意见		2	7.7	
合计		26	100.0	

(3) 改造重点

"水电气等基础设施的改造"是居民认为是本地区改造要解决的最关键的问题。其次是"消除火灾隐患"，再次是"增加公共活动空间和设施"。与此同时，社区卫生环境的整治、居民就业与社会保障问题、道路交通改善也是居民十分希望在改造中解决的重要问题。

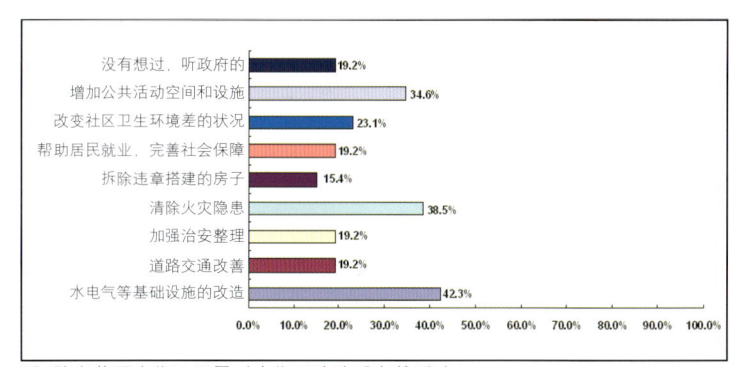

15. 陈老巷历史街区居民对本街区改造重点的看法

(4) 补偿策略

如果进行商业开发改造，居民更倾向于产权置换以及房屋安置这两种补偿方式。这主要和陈老巷街区居民收入较低有关。有居民在访谈中提到："陈老巷居住的大部分是穷人，生活艰难，只要能安排合适居住，别无他求。"

如果进行商业开发改造的话，您比较倾向于何种补偿策略？　　表3

		意见数	百分比	有效比例
有效意见	货币补偿	1	3.8	4.3
	产权置换	7	26.9	30.4
	房屋安置(承租)	6	23.1	26.1
	都可以，看情况	9	34.6	39.1
	合计	23	88.5	100.0
无效意见		3	11.5	
合计		26	100.0	

(5) 拆迁补偿标准

被调查的居民中，有一半的人谈到了对陈老巷街区拆迁补偿标准的看法。最高的期望值是5000元/m²，最低的期望值是600元/m²。61.5%的回答者对于本地区拆迁补偿标准的预期都在1000元/m²以内。

补偿标准平均预期值是1557元/m²。

(6)居民对于改造后居住地点的选择意愿

有70.8%的被调查者表示"一定要搬回陈老巷"。大部分居民希望在陈老巷改造后能够回迁。

陈老巷改造之后，您愿意居住在哪里？　　　　　　　　　表4

		意见数	百分比	有效比例	累计比例
有效意见	一定要搬回陈老巷	17	65.4	70.8	70.8
	一定要搬回樊城区	1	3.8	4.2	75.0
	襄樊市区就可以	1	3.8	4.2	79.2
	都可以，看情况	5	19.2	20.8	100.0
	合计	24	92.3	100.0	
无效意见		2	7.7		
合计		26	100.0		

居民打算在此长期居住的原因：最重要的是"有些好邻居"，其次是"购物便利"，再次是"上班上学方便"。陈老巷的交通便利、治安环境好等因素也一定程度上吸引居民在此长期居住。

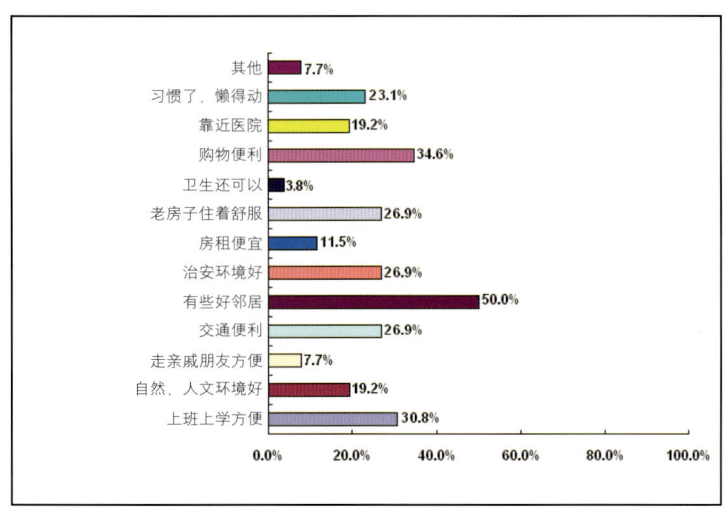

16.陈老巷历史街区居民中打算在此长期居住的原因

(7)居民对于改造后居住面积的期望

居民对于拆迁改造家庭的居住面积的期望值在20m²到200m²之间，平均值为92.5m²。经过计算，我们可以获得居民人均居住面积期望值在10m²到50m²之间，平均值为27.3m²。

(8)居民对于改造后居住户型的期望

居民对于拆迁改造后住宅户型的期望集中在两室一厅、三室一厅两种户型。

(9)居民对于改造的顾虑

一是担心改造后收入下降，家庭经济负担加重。二是担心外迁后的生活适应性。街区内老年人多、无正式工作的人多，这些人都喜欢稳定的生活状态，对不可预知的新环境在心理上有一定的畏惧感。三是担心个人社会关系网络的弱化甚至断裂。很多居民担心外迁后，离陈老巷太远，与亲戚朋友、邻里之间在情感以及日常生活上失去以前的支撑、依附关系。

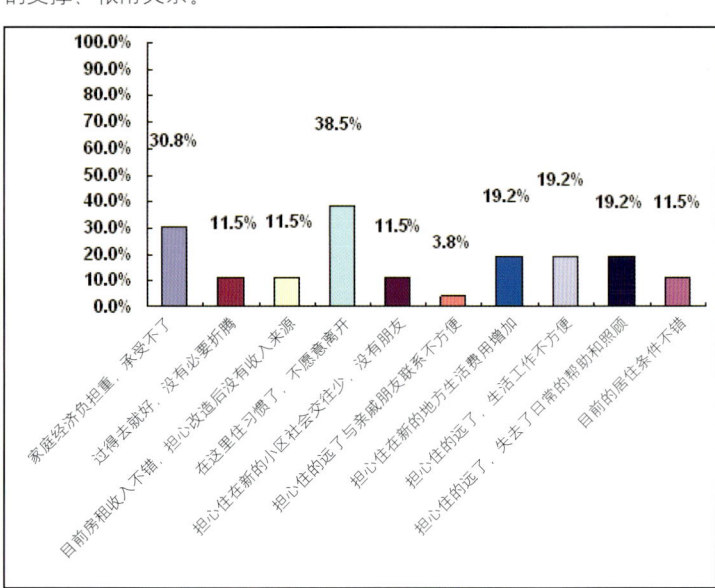

17.陈老巷历史街区居民对本街区改造的顾虑（多选）

五、调研结论与对策思考

通过调研，发现了陈老巷历史街区改造工作的五大重点：

(1)水电气、道路等基础设施的改造；

(2)消除火灾隐患；

(3)增加公共活动空间和配套设施；

(4)社区环境卫生整治；

(5)帮助居民就业，完善社会保障。

居民对于陈老巷改造最主要的三点愿望：

(1)增加住房面积，改善居住环境；

(2)长期在此居住，改造后回迁居民，拆一还一；

(3)保持古巷原有风貌，以修缮和整治为主，不要大拆大建，建设"商业+居住"仿古商业街，溶入沿江风光带，让古巷重新焕发生计。

政府在对该历史街区改造时，应充分尊重居民意愿，严格保护历史街区的肌理，加快基础设施的改造，以房屋修缮、环境整治为主，尽快消除火灾隐患，改善卫生状况，提高住房的成套率，增加一些公共设施，并采取有力措施帮助居民摆脱失业、半失业状态，真正实现居民的安居乐业。

政府在对该历史街区改造时，要坚持先投入，后产出的理念。通过对陈老巷历史文化街区的保护，创出文化品牌，利用历史文化街区搭建的平台，恢复襄阳本地的书法，绘画，戏曲，民间工艺等非物质文化遗产，进而提升陈老巷周边土地价值，形成街区与周边土地开发的良性循环，达到提升城市文化品质的效果。

政府在对该历史街区改造时，需要严格细致的针对单体建筑制定相应的保护策略与改造措施，制定细致周详的周边地段的控制方法，确保适宜的邻里开发强度，同时兼顾景观。如果沿街要做商业开发，建议沿用陈老巷古建筑的传统风格和材质，保持传统的延续性，拆一还一，回迁居民，拆迁的货币补偿标准不低于1557元/m^2，回迁人均居住面积建议为27.3m^2，回迁户型建议以两室一厅和三室一厅为主。

六、结语

本文是笔者做的一次居民参与式历史街区改造调查研究的实验，希望能够引发大家对自下而上改造模式的探讨和思考。我们规划专业工作者和政府都需要与居民进行换位思考。旧城中的老百姓对历史街区有着很大的依赖度，那里有他们赖以生存的社会网络、生活方式和生活环境。如果能做到想民所想、急民所需，多从居民角度去思考，我们的历史街区改造才能更好的做到以人为本。

参考文献
[1]彭剑波．卢健松．陈老巷历史街区改造调查研究报告．2005
[2]清华大学社会学系课题组．北京什刹海历史街区保护与改造调查研究报告．2002

注释
1. 本次调查开始于2005年6月底，为期两周，调查实施整个过程得到襄樊市政府、市规划局与陈老巷社区居委会的大力支持，以及清华大学建筑学院博士生暑期社会实践襄樊支队的卢健松、夏伟、陈宇琳、包志禹、藤静茹同学的共同帮助和积极参与，在此一并表示感谢。
2. 引自彭剑波．卢健松．陈老巷历史街区改造调查研究报告．2005
3. 卢健松绘．陈老巷历史街区改造调查研究报告．2005
4. 本研究吸取以往城市规划研究重物质空间轻社会网络研究的教训，强调公众参与式的社会调查研究方法的运用。本次研究设计了专门的调查问卷，通过居委会对私房主发放了35份问卷，由于存在人户分离的情况，有些原来的户主长期在外，最终回收有效问卷26份，回收率74%。同时，为了弥补问卷的不足，以及规避规划研究工作者的个人主观因素的不良影响，真实的了解居民的想法，努力实现自下而上的规划研究思路，在居委会的协助下于2005年7月19日成功召开了"陈老巷历史文化街区居民座谈会"，陈老巷社区居民（私房主）代表27人与我们就陈老巷的历史变迁、居民生活与居住问题、未来的发展方向、改造模式等进行了1个半小时的比较充分的交流。

作者单位：清华大学建筑学院

第2届中国城市建设开发博览会
2ND CHINA CITY CONSTRUCTION & DEVELOPMENT EXPO

对话时间：2007年12月15日-17日 **对话地点**：深圳会议展览中心

建设和发展的对话　项目和资本的对话　内地和深港的对话　城市和乡村的对话　中国和世界的对话

建设绿色城市　承接产业转移

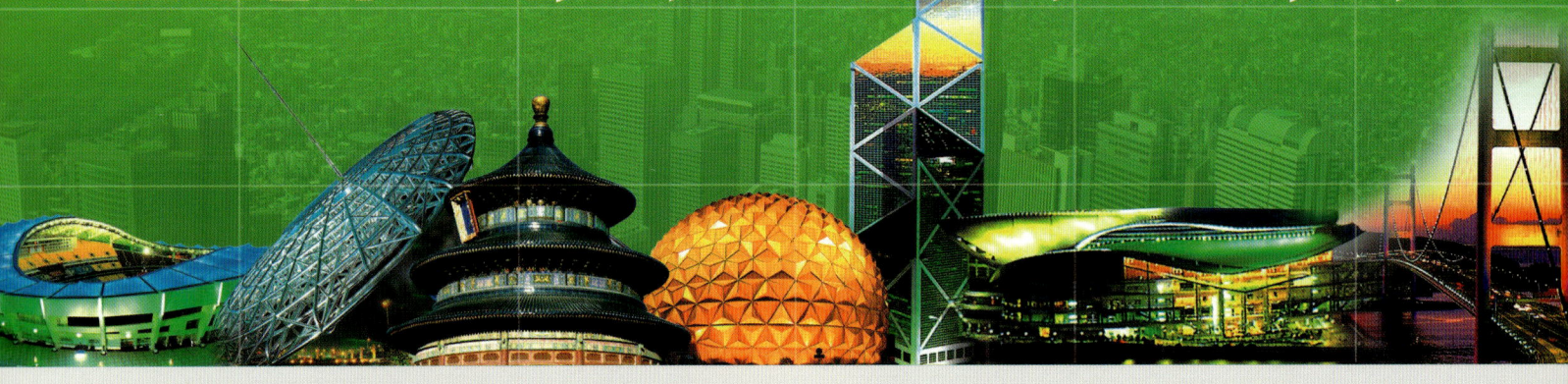

支　持：	中华人民共和国建设部　中国社会科学院　深圳市人民政府
主　办：	建设部中国建筑文化中心　中国城市发展研究会　深圳特区报社
特别协办：	深圳市人民政府驻深单位管理办公室
协　办：	香港大公报　香港各大商会　中国绿色画报　亚太环境保护协会（APEPA）中国城市竞争力研究会(GN)　香港中国城市研究院（CUI）
智力支持：	北京大学环境与城市学院　苏州大学城市科学学院
支持媒体：	世界日报　联合时报　新华社　中央电视台　凤凰卫视　人民日报　经济日报　光明日报　中国建设报　中国房地产报　香港文汇报　香港商报　第一财经日报　21世纪经济报道　新浪城市联盟　搜房网　搜狐网　焦点房地产网　中国泛地产策划网　深圳新闻网　房地网　广东卫视　深圳卫视　深圳电台　规划师杂志　奥运经济杂志　城市规划网　现代园林　中国园林养护网　城市园林绿化网　建材网　景观中国等
承　办：	中国城市建设开发博览会有限公司　深圳市锦绣联合展览有限公司

城市(区域)参展范围
- 城市(区)规划建设成就、创新发展模式
- 品牌城市(区)展示（绿色城市、宜居城市、创新城市、休闲城市、避暑城市、森林城市、产业名城、旅游城市、文化名城及其他品牌特色城市等）
- 城市(区)土地资源开发招商（成片土地整理开发、土地一级开发等）
- 城市(区)建设项目展示招商（如基础设施、旧城改造、新区开发、古城保护、节能环保、廉租房、经济实用型社区等）
- 城市(区)工商业招商项目、产业园、开发区

企业参展范围
- 城市运营商　地产企业
- 城市市政工程、市政新技术、新产品、
- 城市规划设计、景观设计、建筑设计
- 城市环卫新技术、新产品
- 城市景观及园林绿化新技术、新产品
- 投资机构、咨询机构

高峰论坛
- CCDE城市再生国际论坛
- CCDE城市竞争力与城市营销国际论坛
- CCDE土地资源生态化开发论坛暨推介会
- CCDE深圳企业闯天下论坛

推介活动
- CCDE特色城市(香港)招商推介会
- CCDE中国绿色城市推介排名活动
- CCDE市长投资商交流酒会
- CCDE参展省市专场招商推介会
- CCDE中国品牌特色城市推介活动
- CCDE城市市政环卫新产品发布会

注：以上论坛及推介活动方案请浏览城博会官方网站或致电组委会了解

会刊手册：设计制作大会会刊，城市招商项目手册，企业投资意向手册

城博会组委会地址：
Add：深圳市福田区上步中路1011号工会大厦B座五楼
Tel：0755-83288936　83288366　　Fax：0755-83288619
http://www.ccde.cn　P.C：518031